Ensslin Naturführer

# ENTDECKE DIE NATUR IN FRÜHLING UND SOMMER

Bärbel Oftring

Illustrationen von Viola Beyer und Svenja Doering

ENSSLIN

# Inhalt

## Entdecke den Sommer! 42

## Mein Sommer 60



## Feiern im Sommer 72

# ENTDECKE DEN FRÜHLING!

**Winter ade! Mit den ersten wärmenden Sonnenstrahlen erwacht die Natur aus ihrem langen Schlaf. Überall regt sich neues Leben. Bunte Blüten öffnen sich und der Gesang der Vögel erfüllt die Luft. Jetzt ist der Frühling endlich da!**

### Aufgewacht!

Im März künden die ersten Blumen im Garten und auf dem Waldboden den Beginn des Frühlings an. Meisen singen in Gärten und Parks, und die Amseln beginnen mit dem Bau ihrer Nester. Im April beherrscht die Farbe Gelb die Natur. Auf den Wiesen blühen zartgelbe Schlüsselblumen, später dann der kräftig gelbe Löwenzahn. Die blühenden Apfelbäume setzen mit ihrem üppigen Blütenkleid weiße Farbtupfer.

Im Mai können die Nächte noch frostig oder schon sehr sommerlich sein. Völlig unabhängig von der Witterung entfalten die letzten Bäume nun aber ihre Blätter und zeigen sich bis zum Herbst im grünen Gewand. Im Frühling triffst du überall wieder auf Tiere: Die Zugvögel kehren nach und nach aus dem Süden zurück, Eidechsen, Schlangen, Igel und Fledermäuse erwachen aus ihrem langen Winterschlaf, und viele Marienkäfer und Schmetterlinge erscheinen.

# Frühlingszeit

**Frisches, saftiges Grün und die ersten bunten Blumen und Blüten machen nach dem langen Winter richtig Lust, die Natur mit allen ihren Wundern zu entdecken.**

## Frühling bei den Astronomen

Im Frühling werden die Tage länger und die Nächte kürzer. Für die Astronomen, die Sternenforscher, beginnt der Frühling dann, wenn der Tag genauso lang ist wie die Nacht: Am 21. März dauern Tag und Nacht jeweils 12 Stunden. Der Frühling endet mit der Sommersonnenwende am 21. Juni.

## Frühling bei den Wetterforschern

Für die Meteorologen, das sind die Wetterforscher, beginnt der Frühling jedoch schon einige Zeit früher, nämlich am 1. März. Und er endet auch eher: am 31. Mai.

## Regenbogenzeit

Einen Regenbogen zu beobachten gehört sicher zu den schönsten Erlebnissen im Frühling. Im April hast du gute Chancen einen (oder sogar mehrere) zu sehen. Ein Regenbogen entsteht, wenn die Wolken während eines Regengusses aufreißen und Sonnenstrahlen durchlassen. An den kleinen Regentröpfchen in der Luft bricht sich das weiße Sonnenlicht. Es wird in die Farben des Regenbogens zerlegt, an der Außenseite erscheint das Rot, an der Innenseite das Violett. Manchmal entdeckst du über dem Regenbogen noch einen zweiten, der viel schwächer ist.

Dann werden die Sonnenstrahlen von den Wassertröpfchen in der Luft zweimal reflektiert. Achte auf die Farben, sie sind beim zweiten Regenbogen umgekehrt: Das Rot erscheint innen, das Violett außen.

## Am anderen Ende der Welt

März, April und Mai sind unsere Frühlingsmonate. Auf der Südhalbkugel der Erde hingegen herrscht Frühling, wenn bei uns Herbst ist – von September bis November. Warum ist das so? Von März bis August ist die Nordhalbkugel, auf der wir uns befinden, der Sonne zugewandt. Von September bis Februar bekommt die Südhalbkugel mehr Sonne ab.

Am Äquator gibt es übrigens keine Jahreszeiten wie Frühling, Sommer, Herbst und Winter. Dort gibt es nur Zeiten mit mehr oder weniger Regen, die Regen- und die Trockenzeiten.

# Frühlingswetter

**Das Frühlingswetter ist voller Gegensätze: Klirrend kalte Frostnächte oder Tage mit Schneegestöber wechseln sich ab mit sommerlich heißen Tagen und Badewetter.**

## Märztage

Sonnige Märztage sind häufig mild, da die starken Sonnenstrahlen die bodennahe Luft jetzt wieder erwärmen. Gegen Ende des Monats kannst du dir sogar schon einen ersten Sonnenbrand holen, denn deine Haut ist nach den langen Wintermonaten noch sehr empfindlich. Schütze sie deshalb mit einer Sonnenschutzcreme oder durch eine schattenwerfende Kappe, wenn du viel draußen bist.

## Aprilwetter

Im April ist das Wetter wechselhaft und launisch – Tage mit Sonnenschein und Regen im stündlichen Wechsel kommen häufig vor. Das liegt daran, dass nördlich von uns noch winterliche Temperaturen herrschen. Treffen kalte Nordwinde auf das von der Sonne schon erwärmte Land, bilden sich mächtige Schauerwolken. Sie bringen bei heftigen Winden starke Regenfälle, sogar während die Sonne scheint.

## Warum schneit es bei Plus-Graden?

Vielleicht hast du dich schon einmal darüber gewundert, dass es schneit, und das obwohl dein Thermometer +4 oder +5 Grad Celsius anzeigt. Im März und April kann dies an Tagen mit trockener Luft geschehen. Denn dann umhüllt ein dünner Wasserfilm jede einzelne Schneeflocke. Wenn das Wasser verdunstet, entsteht Kälte, und so wird die Schneeflocke gekühlt und schmilzt trotz der Plus-Grade nicht. Schneit es jedoch längere Zeit, wird die Luft immer feuchter und die Temperatur sinkt auf Werte um den Gefrierpunkt von 0 Grad Celsius.

Hast du schon einmal gespürt, dass du zu frieren beginnst, wenn du nass aus der Badewanne steigst? Auch das liegt an der Verdunstungskälte. Wasser benötigt Energie, um zu verdunsten – und diese Energie holt es sich in Form von Wärme aus deinem Körper. Aus demselben Grund wird dir auch schneller kalt, wenn du nasse Kleidung oder feuchte Schuhe trägst.

## Die Eisheiligen

Im April und Mai fürchten besonders Bauern und Gärtner plötzliche Kälteeinbrüche. Denn dann sind die Knospen und geöffneten Blüten von Obst- und anderen Bäumen gefährdet.
Sie können erfrieren und bilden in diesem Jahr keine oder weniger Früchte.
In der Vergangenheit waren die Bauern noch stärker vom Wetter abhängig als heute. Wettervorhersagen, wie wir sie mittlerweile kennen, gab es noch nicht.
Deshalb haben sie aufgrund ihrer Erfahrungen und Wetterbeobachtungen viele Regeln aufgestellt.

**Schon gewusst?**
Die Eisheiligen heißen Pankratius, Servatius und Bonifatius sowie kalte Sophie.

Vielleicht hast du einige dieser „Bauernregeln" schon einmal gehört. Manche sind falsch, andere stimmen. So werden die Tage vom 12. bis 15. Mai nach einer alten Bauernregel die Eisheiligen genannt, weil es bis Mitte Mai frostige Nächte geben kann, wenn kalte Luft aus dem Norden zu uns vordringt. Ende Mai ist auch die Luft in Nordeuropa ausreichend erwärmt – dann ist die Frostgefahr bei uns vorbei.

## Bauernregeln auf dem Prüfstand

Finde selbst heraus, ob folgende Bauernregeln stimmen. Dazu musst du nur das Wetter an den betreffenden Tagen oder Monaten beobachten und in deinem Naturforscherbuch (Seite 25) notieren.

- ☐ Donnert's im März, dann friert's im April.
- ☐ Wie's im März regnet, so wird's im Juni wieder regnen.
- ☐ Wie das Wetter zu Frühlingsanfang (das sind die Tage um den 21. März), ist es den ganzen Sommer lang.
- ☐ Gibt's im April mehr Regen als Sonnenschein, wird's im Juni warm und trocken sein.
- ☐ Wie das Wetter am St. Urbanstag (25. Mai), so es im Herbst wohl werden mag.

## Alles blüht

Beobachte im Frühling Bienen und Hummeln beim Besuch von Blüten. Du wirst feststellen, dass das Wetter auch Einfluss auf sie hat. Weil sie übervoll mit Blüten bedeckt sind, nimmst du am besten die Obstbäume in Augenschein.

An warmen Tagen sind die Bäume vom Gebrumm der bestäubenden Insekten erfüllt. Sobald die Blüten bestäubt sind, verwelken sie und fallen ab. An kalten Tagen hingegen sind keine Hummeln und Bienen unterwegs, sodass die unbestäubten Blüten länger geöffnet bleiben. Sie „warten" sozusagen auf wärmeres Wetter. Und genau aus diesem Grund ist es in warmen Frühlingswochen rasch mit der bunten Blütenpracht vorbei, während sie uns in kühlen Frühlingswochen viel länger erfreut.

# Frühling vor der Tür

**An sonnigen Tagen scheint die Natur zu explodieren: Unzählige Blüten öffnen sich, die ersten Blätter an den Bäumen entfalten sich und fleißige Insekten fliegen von Blüte zu Blüte.**

## Knospenexplosion

Recht unauffällig sitzen die Knospen der Blätter den ganzen Winter über am Baum. Wenn im Frühling die kunstvoll zusammengefalteten Blätter dann wachsen, sprengen sie die braune Knospenhülle. Siehst du auf den jungen Blättern feine Härchen? Sie schützen das Blatt vor Kälte.

## Insekten oder Wind?

Einige Bäume wie etwa unsere Obstbäume fallen im Frühjahr durch die bunte Blütenpracht in ihren Kronen auf. Andere Bäume wie Buchen, Eichen und Ahornarten scheinen überhaupt keine Blüten zu bilden. Warum ist das so? Zunächst einmal: Alle Bäume bilden Blüten. Ob die Blüten jedoch auffallend bunt oder eher unscheinbar sind, hängt allein davon ab, ob sie von Insekten oder vom Wind bestäubt werden.
Auffallende Blüten dienen nur dazu, Insekten anzulocken. Auf dem pelzig behaarten Körper der Bienen und Hummeln bleibt der gelbe Blütenstaub hängen und wird auf

diesem Weg von Blüte zu Blüte transportiert. Nur so können die Blüten befruchtet werden und in den Früchten Samen für die Vermehrung bilden. Als Dankeschön bieten sie den kleinen fliegenden Boten süßen Nektar und energiereichen Pollen an.

**Windige Bestäubung**

An Bäumen, die vom Wind bestäubt werden, erscheinen lange, hängende, männliche Kätzchen. Sie produzieren Unmengen an gelbem Blütenstaub, der durch den Wind zu den langen, klebrigen Narben der weiblichen Blüten getragen wird. All das geschieht, bevor sich die Blätter an den Bäumen entfalten, damit der Blütenstaub leicht zu seinem Ziel gelangen kann.

Versuche einmal, die unscheinbaren Blüten an den Bäumen zu finden, und betrachte sie mit einer Lupe. Manche sehen aus wie kleine Korallen.

Baumarten, die vom Wind bestäubt werden, sind:

- ☐ Haselnuss
- ☐ Buche
- ☐ Weide
- ☐ Eiche
- ☐ Pappel
- ☐ Erle
- ☐ Esche

# Frühling im Wald

**Im Frühling kannst du den Wald mit allen deinen Sinnen entdecken. Blütenteppiche bedecken den Waldboden, die Luft ist erfüllt vom Gesang der Vögel und vom Duft frischer Blätter. Es gibt so viel zu sehen, zu hören und zu riechen!**

## Sehen – Blütenpracht am Waldboden

Während auf den Wiesen noch winterliche Ruhe herrscht, ist der Waldboden von einem dichten Blütenteppich bedeckt. Weil die Bäume noch keine Blätter haben, ist es für die Pflanzen im Wald jetzt noch hell genug, um zu blühen. Wenn die Bäume ihre Blätter im Mai entfalten, liegt der Waldboden von da an den ganzen Sommer über im Schatten. Dann sind die Blüten längst verwelkt und bilden Samen für das nächste Blühjahr.

Frühblüher im Wald sind:

- ☐ Bärlauch (weiß)
- ☐ Buschwindröschen (weiß)
- ☐ Lungenkraut (hellrot, blauviolett)
- ☐ Leberblümchen (blau)
- ☐ Lerchensporn (weiß, lila, gelb)

*Märzenbecher* *Veilchen* *Scharbockskraut*

- ☐ Märzenbecher (weiß)
- ☐ Salomonssiegel (weiß)
- ☐ Scharbockskraut (gelb)
- ☐ Veilchen (blau)

### Hören – Baumsäfte im Fluss

Im Frühjahr beginnen die Säfte im Baumstamm wieder zu fließen. Sie steigen von den Wurzeln zur Krone. Nur im März kannst du sie hören. Leg dein Ohr dicht an den Stamm einer Buche oder eines anderen Baumes mit glatter Rinde und lausche. Schließe am besten deine Augen. Es muss ganz ruhig sein.

### Riechen – So duftet der Frühling

Im Wald riecht es im Frühjahr besonders intensiv, denn die frischen Blätter enthalten zahlreiche Duftstoffe. Atme den typischen Geruch von frischen Blättern, Blüten, angefaulten Wurzeln, frischem Harz oder Erde tief ein.

### Der Aronstab

Im März und April blüht der giftige Aronstab. Seine braune, keulenförmige Blüte ist von einem großen, grünen Blatt umhüllt, das tütenartig eingerollt ist und nach

unten hin einen Kessel bildet. Abends erwärmt sich der Kolben und lockt mit seinem Geruch Fliegen und Mücken an, die an der glatten Blattwand in den Kessel rutschen. Ein dichter Kranz herabstehender Haare um den engen Eingang verhindert, dass die Insekten wieder freikommen. Sie bleiben so lange gefangen, bis sie die Blüte bestäubt haben. Dann verwelkt die Blüte, und der Weg nach draußen ist wieder offen.
Halte deine Hand abends nah an die keulenförmige Blüte. Kannst du die Wärme spüren? Du musst die Blüte dazu nicht anfassen. Wenn doch, solltest du dir anschließend die Hände waschen.

# Tiere im Frühling

**Die Zugvögel kehren aus ihren Winterquartieren zurück, Winterschläfer und Winterruher erwachen aus ihrem langen Schlaf, und bald gibt es Nachwuchs bei vielen heimischen Tierarten.**

## Das passiert im März:

- ☐ Weißstorch, Hausrotschwanz, Zilpzalp und Grasmücke kehren aus dem Süden zurück.
- ☐ Erdkröte, Teichmolch und Grasfrosch sind die ersten Lurche, die zu ihren Geburtsgewässern wandern.
- ☐ Rothirsche werfen ihr Geweih ab.
- ☐ Erste Schmetterlinge fliegen.

## Das passiert im April:

- ☐ Schwalbe, Nachtigall, Kuckuck, Wachtel und Rohrsänger treffen aus dem Süden ein.
- ☐ Marienkäfer kommen aus ihrem Winterversteck.

- ☐ Vorsicht vor Wildschweinen! Die Mütter sind mit ihren Frischlingen unterwegs und greifen sofort an, wenn sie Gefahr für ihre Jungen fürchten.
- ☐ Igel und Fledermäuse sowie Eidechsen und Blindschleichen erwachen aus dem Winterschlaf.

## Das passiert im Mai:

- ☐ Pünktlich zum 1. Mai sind die Mauersegler wieder da! Auch Neuntöter und Pirol kehren zurück.
- ☐ Die Brut ist auf dem Höhepunkt: Wer im April damit begann, hat bereits Junge, andere Arten beginnen gerade mit dem Nestbau.
- ☐ Junge Füchse spielen ausgelassen vor ihrem Bau.
- ☐ Maikäfer sind selten geworden. Jetzt kannst du sie aber vielleicht in Wäldern oder entlang von Bachläufen mit Bäumen entdecken.

**Die Zugvögel sind zurück!**

Notiere in deinem Naturforscherbuch (Seite 25), wann du zum ersten Mal bestimmte Vogelarten beobachtet oder deren Gesänge gehört hast. Wenn du das über mehrere Jahre machst, weißt du, welche Vögel wann bei uns leben.

Einige markante Vogelarten für die Beobachtung sind:

Hausrotschwanz

Nachtigall

Kuckuck

Schwalben (Mehlschwalbe, Rauchschwalbe)

Mauersegler

## Das Trommeln der Spechte

Hunderte von Metern weit kannst du hören, wenn ein Specht mit seinem Schnabel in einem bestimmten Rhythmus schnell aufs Holz hämmert und damit sein Revier markiert. Damit der Specht keine Gehirnerschütterung bekommt, ist sein Schnabel federnd mit dem Schädel verbunden – so wie dein Sattel mit dem Fahrradgestell. Mit seinem kräftigen Schnabel zimmert der Specht außerdem jedes Jahr eine neue Höhle in einen morschen Stamm. Dafür benötigt er zwei bis drei Wochen. In den alten Spechthöhlen vom Vorjahr wohnen gern Siebenschläfer, Fledermäuse oder andere Vögel wie Kohlmeisen, Rotschwänze oder Kleiber.

## Brutzeit bei den Singvögeln

Singvögel brüten zwei bis drei Wochen lang, bis die jungen Küken schlüpfen. Zuerst gibt es bei Meise, Amsel, Bachstelze, Buchfink, Hausrotschwanz, Heckenbraunelle, Star, Singdrossel, Rotkehlchen und Zaunkönig Nachwuchs, etwas später bei der Mönchsgrasmücke und dem Zilpzalp.

**Schon gewusst?**
Um ihre zehn bis 13 hungrigen Jungen satt zu bekommen, müssen die Kohlmeiseneltern jeden Tag bis zu 900 Insekten und Raupen erbeuten!

Spüre ein Nest auf, indem du aufmerksam und langsam an Hecken, Gebüschen und Bäumen vorbeigehst und auf die hungrigen Rufe der Jungen hörst. Sei dabei aber sehr vorsichtig und halte Abstand! Fühlen sich die Eltern bedroht, kann es passieren, dass sie nicht mehr zum Nest und zu ihren Jungen zurückkehren.

## So viele Eier legt ein Weibchen in sein Nest

Vögel, die lange leben und kaum Feinde haben, legen weniger Eier als Arten mit kurzer Lebensdauer und vielen Feinden.

| | | | |
|---|---|---|---|
| Mäusebussard | 2–4 Eier | Haussperling, Star | 5–6 Eier |
| Graureiher | 3–5 Eier | Höckerschwan | 5–7 Eier |
| Weißstorch | 3–5 Eier | Blässhuhn | 5–10 Eier |
| Rauchschwalbe | 4–5 Eier | Elster | 6–7 Eier |
| Buchfink | 4–6 Eier | Stockente | 7–11 Eier |
| Buntspecht | 4–7 Eier | Blaumeise | 9–13 Eier |
| Rotkehlchen, Amsel | 5–6 Eier | Kohlmeise | 10–13 Eier |

### Welche Vögel brüten in meiner Nähe?

Etwas einfacher als das anstrengende Lauschen auf die bettelnden Rufe der Jungen ist es, wenn du auf die singenden Vogelmännchen achtest. Denn jedes singende Männchen brütet gemeinsam mit seiner Partnerin die Eier aus.

Zeichne in dein Naturforscherbuch (Seite 25) oder auf ein großes Blatt Papier eine Skizze der Häuser, Bäume und Zäune in deiner Nähe. Trage zwischen Anfang April und Ende Mai zehn Tage lang alle singenden Vögel mit einem Kreuz oder einem Symbol in deine Skizze ein. Gut ist es, wenn du die Arten unterscheiden kannst. Singt eine Vogelart häufig nahe einer bestimmten Stelle, hast du das Revier und damit auch ein Brutpaar gefunden.

## Tierkinder

Damit die Jungen bis zum nächsten Winter groß und kräftig sind, bekommen die meisten Säugetiere im Frühjahr Nachwuchs. In den ersten Lebenswochen sind die Kleinen oft hilflos und ruhen zwischen den Milchmahlzeiten. Sobald sie größer sind, spielen sie ausgelassen und ausgiebig. Wenn du Jungtiere entdeckst, halte immer genügend Abstand! Bist du überraschend in ihre Nähe gekommen, ziehe dich langsam zurück, denn viele Tiermütter verteidigen ihre Jungen. Fasse ein gefundenes Rehkitz niemals an, sonst weist die Mutter es zurück und das Junge muss sterben!

Nachwuchs gibt es bei:

- ☐ Hirsch, Reh, Wildschwein
- ☐ Fuchs, Dachs
- ☐ Hase, Kaninchen

## Hasenhochzeit

Im Frühjahr versammeln sich mehrere Feldhasen an bestimmten Stellen auf Feldern und Wiesen, um Hochzeit zu halten. Dabei jagen die Männchen stundenlang hinter den Häsinnen her. Die Tiere überspringen sich gegenseitig, schlagen Haken, hüpfen in die Luft oder liefern sich regelrechte Boxkämpfe. Vielleicht hast du einmal die Gelegenheit, den Tieren bei ihrem wilden Treiben zuzuschauen. Oder du machst dir mit deinen Freunden einen Spaß daraus: Kommentiert das Geschehen mit ausreichend Abstand wie ein Sportreporter mit reißerischen Worten.

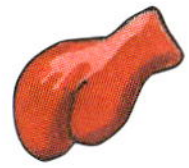

### Schneckenhochzeit

Siehst du am Wegrand zwei Weinbergschnecken, die sich Unterseite an Unterseite gelehnt aufrichten, bist du bei einer Paarung dabei. Weil sie Zwitter sind, haben beide Schnecken sowohl männliche Samen als auch weibliche Eier. Darum befruchten sie sich gegenseitig. Das dauert eine ganze Weile. Danach kriechen beide Schnecken ins schützende Gebüsch und legen ihre Eier in den Erdboden.

**Die Krabbeltiere erwachen**

Im dicken Laub am Waldboden tummeln sich Tausendfüßer, Asseln, Hundertfüßer, Würmer und Springschwänze. Breite eine Hand voll Laub auf einem hellen Tuch aus und verteile es. Überall wuseln die kleinen, lichtscheuen Krabbeltiere hervor und eilen über das Tuch, um ins Dunkle zu gelangen. Du kannst sie vorsichtig mit einer Becherlupe fangen und dir vergrößert anschauen. Lass sie dann wieder frei.

# MEIN FRÜHLING

**Jetzt ist die Zeit für spannende Entdeckungstouren durch die Natur gekommen. Also, nichts wie raus – erwachende Tiere, singende Vögel und bunte Blumen erwarten dich schon!**

## Jeder Frühling ist anders

Wann du welche Tiere und Pflanzen entdecken kannst, hängt vom Wetter ab. Je nach Witterung blühen die Blumen länger oder kürzer, früher oder später. Ist es im Frühling noch kalt, ruhen die winterschlafenden Tiere länger, und auch die ersten Bienen fliegen erst später im Jahr.

## Naturforscher im Frühling

Doch egal, ob Regen oder Sonnenschein: Im März, April und Mai gibt es jede Menge zu sehen, zu erleben und zu erforschen. Geh mit offenen Augen und Ohren durch Wald und Wiese, durch Stadt und Land: Welche Blumen blühen in deinem Garten, welche am Waldboden? Und wie duften sie? Welche Insekten fliegen schon und besuchen die ersten Blüten? Welche Vögel kehren wann aus dem Süden zu uns zurück? Wo singt das Amselmännchen, wo der Buchfink? Und wer ist der früheste Sänger am Morgen? Wann erscheint der erste Schmetterling? Und gibt es in diesem Jahr Maikäfer?

# Die richtige Ausrüstung für Frühlingsforscher

**Bereite dich gut auf deine Streifzüge durch die Natur vor. Überlege, was du anziehen und was du mitnehmen solltest, damit deinem Forschergeist nichts mehr im Wege steht!**

## Die Kleidung

Feste, wasserdichte Schuhe oder Gummistiefel und eine Regenjacke sind im Frühling für jeden Naturforscher wichtig. Besonders im April kann es an einem wolkigen Sonnentag plötzlich regnen. Weil es oft noch kalt ist, trage einen warmen Pullover und eine robuste Hose, die dich vor Kratzern schützt. In Radio, Zeitung oder Internet kannst du dich über die Wetterprognose für jeden Tag informieren.

## Dein Naturforscher-Rucksack

In einem Rucksack kannst du die Dinge, die du auf deinen Forscherausflügen benötigst, am besten transportieren. Packe ein Bestimmungsbuch ein, in dem du unterwegs sofort nachschlagen kannst, wie die entdeckten Tiere und Pflanzen heißen.

Außerdem brauchst du:

- ☐ Notizblock oder Naturforscherbuch
- ☐ Bleistift, auch Buntstifte
- ☐ Lupe oder Becherlupe
- ☐ kleine Plastikbehälter und -tüten für zerbrechliche Fundsachen
- ☐ Sitzunterlage für kühle oder feuchte Plätze
- ☐ Fernglas
- ☐ Kescher an langem Stiel und durchsichtigen Eimer für Beobachtungen am Teich
- ☐ eventuell Taschenmesser, Fotoapparat

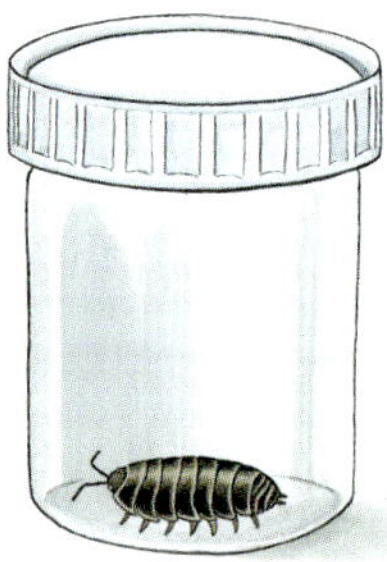

*Mit einer Becherlupe fängst du vorsichtig kleine Lebewesen und schaust sie dir vergrößert an.*

### Dein Naturforscherbuch

Schreibe das, was du draußen beobachtest und erlebst, in dein persönliches Naturtagebuch. Wenn du das über mehrere Jahre hinweg machst, weißt du immer besser über heimische Tiere und Pflanzen Bescheid. Besorge dir dazu im Schreibwarengeschäft ein Heft oder Spiralbuch mit Karos oder Linien und notiere darin zum Beispiel:

- □ wann du die erste Schwalbe gesehen hast,
- □ wann die erste Tulpe oder Osterglocke blüht,
- □ welche Vögel in deinem Garten brüten,
- □ welche Tiere und Pflanzen du auf dem Heimweg von der Schule gesehen hast,
- □ wann die letzte Nacht mit Minustemperaturen war.

Klebe gesammelte Federn, Blätter und Samen in dein Naturforscherbuch ein und skizziere Pflanzen und Tiere, die du auf deinen Ausflügen entdeckt hast.

## Tiere beobachten, aber richtig!

- □ Ganz wichtig: Du brauchst Geduld! Die Natur ist kein Fernsehfilm oder Computerspiel, das sofort läuft, wenn du es einschaltest!
- □ Bewege dich in langsamem Tempo mit wachen Sinnen und ohne zu reden durch die Natur. Vermeide plötzliche und hektische Bewegungen. Die meisten Tiere verstecken sich oder verschwinden, wenn sie schnelle und laute Geräusche wahrnehmen. Denke immer daran: Für die meisten heimischen Tiere bist du ein Riese!
- □ Öffne Augen und Ohren. Achte auf kleinste Veränderungen – ein Rascheln in der Baumkrone, ein Piepsen im Gebüsch. Versuche herauszuhören, woher das Geräusch stammt, und suche die Umgebung mit den Augen ab. Ein Fernglas hilft dir dabei.

# Frühlingsforscher auf Entdeckungsreise

**März, April und Mai sind die Frühlingsmonate. Doch die Natur hält sich nicht starr an den Kalender. Gut, dass du selbst feststellen kannst, wann der Frühling in deiner Gegend beginnt!**

## Wann beginnt bei dir der Frühling?

Beobachte die Natur und trage hier oder in dein Naturforscherbuch die Daten ein. Du wirst feststellen, dass du jedes Jahr ein anderes Datum festhältst. Das ist ganz normal, denn der Beginn einer Jahreszeit hängt vom Wetter ab.

**Der Vorfrühling beginnt, wenn diese Pflanzen blühen:**

- Hasel,
- Schneeglöckchen,
- Huflattich,
- Krokus.

**Der Erstfrühling beginnt, wenn diese Pflanzen blühen:**

- Buschwindröschen,
- Weißbirke,
- Löwenzahn,
- Forsythie;
- wenn die Weißbirke ihre Blätter entfaltet,
- wenn auf den Feldern das Sommergetreide ausgesät wird.

**Der Vollfrühling beginnt, wenn diese Pflanzen blühen:**

- Flieder,
- Apfel,
- Margerite,
- Rosskastanie;

**wenn diese Bäume ihre Blätter entfalten:**

- Linde,
- Ahorn,
- Rotbuche;
- wenn bei der Fichte die Maitriebe erscheinen.

**Einmal früh aufstehen!**

Am 1. März geht die Sonne kurz nach sieben Uhr auf. Achte an diesem Tag – auf deinem Weg zur Schule oder an einem Tag am Wochenende oder in den Ferien – einmal auf den morgendlichen Gesang der Vögel. Mit 10-minütigem Abstand beginnen Grünfink, Buchfink, Kohlmeise, Zaunkönig und Amsel ihren Gesang. Anfang April beginnt das Konzert mit dem früheren Sonnenaufgang eine Stunde früher – dann musst du also noch eher raus!

## Wann geht die Sonne auf und unter?

| Tag | Aufgang | Untergang |
|---|---|---|
| 1. März | ca. 7.00 Uhr | ca. 18.00 Uhr |
| 15. März | ca. 6.30 Uhr | ca. 18.25 Uhr |
| 1. April | ca. 6.00 Uhr | ca. 18.50 Uhr |
| 15. April | ca. 5.30 Uhr | ca. 19.15 Uhr |
| 1. Mai | ca. 5.00 Uhr | ca. 19.40 Uhr |
| 15. Mai | ca. 4.30 Uhr | ca. 20.00 Uhr |
| 31. Mai | ca. 4.15 Uhr | ca. 20.20 Uhr |

Die angegebene Uhrzeit ist die Mitteleuropäische Zeit (MEZ). Während der Sommerzeit, die Ende März beginnt, musst du eine Stunde zu der angegebenen Uhrzeit dazuzählen.

## Welcher Vogel singt denn da?

März und April sind die besten Monate, um dir die Vogellieder einzuprägen, denn im Frühjahr singen die Singvögel besonders häufig und laut. Die Männchen locken mit ihren Gesängen die Weibchen an und teilen ihren Artgenossen mit: „Dieses Revier ist besetzt!" Hat sich ein Vogelpaar gefunden, baut es ein Nest, in dem das Weibchen oder beide Partner abwechselnd die Eier ausbrüten. Wenn die Jungen geschlüpft sind, nimmt der Vogelgesang deutlich ab – dann sind die Eltern mit Füttern beschäftigt.
Höre einem Vogel, der in deiner Nähe singt, konzentriert zu und präge dir seinen Gesang ein.
Versuche auch den Vogel zu entdecken, am besten mit einem Fernglas. Wie viele verschiedene Vogelarten kannst du hören?

## Typische Vogellieder

- ☐ Buchfink: „pink"
- ☐ Goldammer: „wie-wie-wie-hab-ich-dich-lieb"
- ☐ Haussperling: „tschilp"
- ☐ Kohlmeise: „sitz i da, sitz i da"
- ☐ Amsel: „tix-tix-tix" (Warnruf)
- ☐ Grünfink: „det det det is schwäärrr"

### Vogelkonzert

Nimm den Gesang verschiedener Vögel auf eine Kassette auf und vergleiche ihn zu Hause mit den Stimmen auf einer Vogel-CD. Solche CDs sind in den meisten Buchhandlungen und Büchereien erhältlich.
Mach mit deinen Freunden ein „Hör"-Spiel: Wer erkennt die meisten Vogelstimmen? Wer hört die meisten Vögel an einem bestimmten Standort im Wald, Garten, Park oder vor dichtem Gebüsch?

### Ein Freibad für Vögel

Weil Vögel meist über ihre Nahrung genügend Wasser aufnehmen, müssen sie nicht trinken. Trotzdem sind Vogeltränken ein beliebter Treffpunkt für Vögel, die darin gerne baden. Fülle dazu ein flaches Gefäß wenige Zentimeter hoch mit frischem Wasser und stelle es katzensicher auf, das heißt: Im Abstand von mindestens zwei Metern darf kein Gebüsch oder sonstiges Versteck für eine Katze sein. Wechsle das Wasser regelmäßig.
Wenn du die Möglichkeit hast zu töpfern – in der Schule, bei Bekannten oder Freunden –, kannst du aus Ton eine flache Schale mit möglichst flachem Rand und einer Erhebung in der Mitte formen. Sie ist einigermaßen frostfest, wenn du sie bei 1200 Grad Celsius im Brennofen brennen lässt.

## Säen, Keimen, Wachsen

Im Frühling keimen und wachsen die Pflanzen nach der langen Winterruhe. Das kannst du in einem eigenen Tontopfgarten auf dem Balkon oder der Terrasse ganz einfach nachempfinden.

- ☐ Kaufe im Gartencenter oder Supermarkt verschiedene Kräutersamen, fülle Blumentöpfe mit Erde und säe die Samen darin aus. Schon bald kannst du das würzige Grün für die Küche ernten. Über die nektarreichen Blüten freuen sich Bienen und Schmetterlinge.
- ☐ Vielleicht findest du in eurem Vorratsschrank ja auch einige Bohnenkerne, die du pflanzen kannst. Leite die Triebe nach dem Keimen an langen Holzstangen nach oben.

Im Sommer und Herbst kannst du draußen im Garten oder auch in eurem Balkonkasten verschiedene Samen sammeln. Stiefmütterchen und Borretsch beispielsweise werfen unendlich viele Samen. Bewahre sie trocken auf und säe sie im nächsten Frühjahr aus.

## Die Hyazinthe im Wasserglas

Viele Frühlingsblüher haben als Wurzel eine Zwiebel. In ihr speichern die Pflanzen über den Winter wichtige Nährstoffe, die sie bei ihrem frühen Start im März zum Keimen und Treiben brauchen. Wie sich Wurzeln und Triebe aus einer Zwiebel entfalten, kannst du besonders

## Dein Blumenrestaurant

**Gänseblümchenquark:** Gib eine Hand voll Gänseblümchen-Blüten in 250 Gramm Quark, den du zuvor mit Milch oder Joghurt verrührt und mit Salz, Pfeffer, 1 Teelöffel Senf und frischen Kräutern (Petersilie, Schnittlauch, etwas Knoblauch) gewürzt hast.

**Blütenbrote:** Nach dem Waschen gibst du die Blüten von Gänseblümchen, Taubnessel, Veilchen und Vogelmiere auf eine Scheibe Butterbrot. Auch die Blüten von Borretsch und Kapuzinerkresse schmecken würzig lecker.

schön bei der Hyazinthe beobachten. Stelle eine Zwiebel in ein Wasserglas und fülle so viel Wasser hinein, dass gerade der Wurzelkranz im Wasser steht. Beobachte jeden Tag, wie die weißen Wurzelspitzen und grünen Triebe wachsen. Wann blüht sie auf? In welcher Farbe?

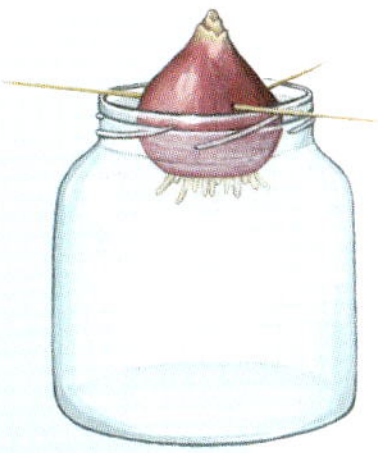

**Dein Duftgarten**

Leg dir in einem kleinen Gartenbeet oder in Balkonkästen einen duftenden Garten an. Säe oder pflanze dazu einige der genannten duftenden Kräuter und Blumen, die du im Gartencenter kaufen kannst. Damit du im nächsten Frühjahr wieder einen Duftgarten anlegen kannst, sammle die Samen der Pflanzen im Sommer und Herbst.

- ☐ blumiger Duft: Duftsteinrich, Heliotrop, Veilchen, Rose
- ☐ fruchtiger Duft: Zitronenmelisse, Apfelminze, Balsamkraut
- ☐ würziger Duft: Thymian, Salbei, Fenchel, Pfefferminze
- ☐ herber Duft: Lavendel, Katzenminze, Wermut, Kapuzinerkresse
- ☐ harziger Duft: Heiligenkraut, Storchschnabel, Wacholder

Streiche mit deinen Händen über die Blätter und Blüten, dann entfalten sie ihren Duft. Rieche an deinen Fingern, die den Duft aufnehmen.

## Entdeckungen am Teich

Geh im Frühling und Frühsommer regelmäßig an einen nahe gelegenen Teich. Suche dir eine ebene Stelle am Ufer aus und achte darauf, dass du sicher stehen oder knien kannst. Meide abschüssige Uferstücke und tiefes Wasser!
Schreibe deine Beobachtungen in dein Naturforscherbuch.
Jetzt ist am Teich zum Beispiel Folgendes los:
Zwischen April und Juli schlüpfen die jungen Entenküken, im Mai bis Juni die Küken der Blässhühner mit dem roten Kopf und die mausgrauen Schwanenjungen. Die ersten Libellen schlüpfen ab Mai.
Ab April jagen Ringelnattern am und im Teich Frösche und Kröten.
Im Wasser tummeln sich Wasserschnecken, Rückenschwimmer, Gelbrandkäfer und andere Insekten und deren Larven sowie die Kaulquappen verschiedener Lurcharten. Mit einem Kescher kannst du sie einfangen. Gib sie in einen wassergefüllten Eimer oder in eine Becherlupe und schau sie dir an. Lass sie aber gleich anschließend wieder frei. Verfolge die Entwicklung der Kaulquappen über einige Wochen.

## Erdkröten auf Wanderschaft

In der ersten warmen Märznacht beginnt der Wanderzug der Erdkröten. Je näher sie dem Gewässer kommen, umso dichter werden die Wanderscharen. Dabei begegnen sich Männchen und Weibchen.

*1 Blässhuhn, 2 Stockente, 3 Ringelnatter, 4 Azurjungfer, 5 Königslibelle, 6 Teichfrosch*

Häufig lassen sich die deutlich kleineren Männchen schon unterwegs von den Weibchen Huckepack tragen.

**Schon gewusst?**
Eine Erdkröte braucht rund zehn Minuten, um eine 15 Meter breite Straße zu überqueren.

## Gefahr auf der Straße

Erdkröten und Grasfrösche leben das ganze Jahr über im Wald. Molche hingegen suchen Verstecke weitab der Gewässer nur zum Überwintern auf, sie verbringen die warme Jahreszeit im Wasser. Im Frühjahr wandern Kröten, Frösche und Molche zu Tümpeln und Weihern, um darin ihre Eier – den Laich – abzulegen. Weil sie auf dem bis zu zwei Kilometer langen Weg auch Straßen überqueren müssen, werden viele Lurche von Autos überfahren. Deshalb siehst du am Fahrbahnrand mancher Straßen flache Krötenzäune. Sie leiten die Tiere zu kleinen Tunneln, die unter der Straße hindurchführen, oder zu Eimern, in die sie hineinfallen. Mehrmals am Tag tragen Menschen die Eimer mit den Lurchen über die Straße. Dasselbe geschieht nach dem Laichen – dann wandern die Tiere nämlich auf dem gleichen Weg zurück in ihre Lebensräume.
Wenn du beim Krötenschutz mithelfen möchtest, informiere dich in deinem Ort bei einer Naturschutzorganisation oder im Rathaus.

## Die Schmetterlinge sind zurück

Tagpfauenauge, Kleiner Fuchs und Zitronenfalter fliegen schon an den ersten warmen Frühlingstagen. Den Winter über ruhen sie versteckt in einem Geräteschuppen, in Ritzen an Wänden und Bäumen oder in einem Holzstoß.

*Tagpfauenauge*

*Kleiner Fuchs*

*Zitronenfalter*

## Schmetterlinge und Bienen anlocken

Möchtest du etwas Gutes für unsere Schmetterlinge, Bienen, Hummeln und viele andere Insekten tun? Dann pflanze oder säe im Frühling Wildblumen als Nektar- und Pollenspender oder als Raupenfutter.

### Farbenspiel

Verschiedene Insekten wie Bienen, Hummeln, Schmetterlinge oder Käfer nehmen verschiedene Farben wahr. Deshalb fliegen sie bestimmte Blütenfarben häufiger an als andere. Das kannst du sogar beweisen: Leg gelbes, rotes, weißes, violettes und blaues Papier auf einer Blumenwiese oder in einem Blumenbeet aus, beobachte und notiere in deinem Naturforscherbuch:

- ☐ Wie viele und welche Insekten landen innerhalb einer bestimmten Zeit (etwa fünf Minuten) auf welchem Papier?
- ☐ Welche Farbe bevorzugen Schmetterlinge, Bienen, Hummeln oder Käfer?
- ☐ Bestreiche die Papiere mit ein wenig Honig, der zusätzlich mit seinem Duft lockt: Kommen mehr Insekten als zuvor?

Du kannst das im Garten deiner Eltern oder in einem Blumenkasten auf dem Balkon machen. Mit blühenden Kräutern wie Salbei, Thymian, Lavendel, Minze und anderen Arten lockst du Insekten ebenfalls herbei. Außerdem findest du im Gartencenter spezielle Schmetterlingsmischungen mit geeigneten Pflanzensamen.

**Nistplätze für Insekten**

**Für Wildbienen:** Bohre in einen trockenen, unbehandelten Block aus Hartholz (Buche, Esche oder vom Obstbaum) mit Hilfe eines Erwachsenen Löcher mit einem Durchmesser von drei bis zehn Millimetern im Abstand von wenigen Zentimetern. Bohre sie einfach so tief, wie der Bohrer reicht. Dann hänge den Block regensicher an der Sonnenseite des Hauses auf.

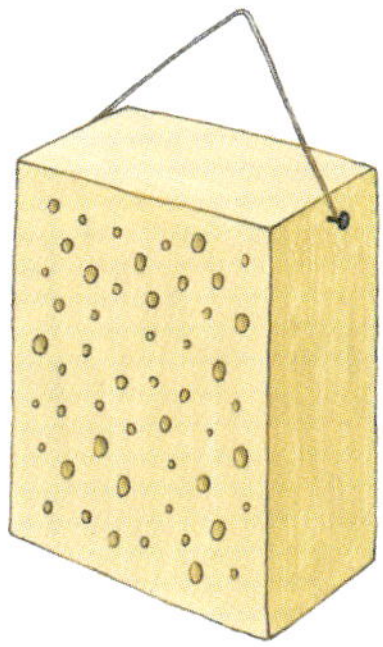

**Für Hummeln:** Grabe an einem sonnigen, geschützten Ort ein Loch in den Erdboden, etwas größer als ein Blumentopf. Stampfe die Erde am Grund fest und stelle einen halb mit Moos, Heu oder Kleintierstreu gefüllten Blumentopf aus Ton mit der Öffnung nach unten hinein. Das Wasserabzugsloch mit einem Durchmesser von 15 Millimetern – sonst passen die Hummeln nicht hinein – ist der Eingang. Fülle die Grube mit Erde auf und lege als Regenschutz ein paar flache Steine über den Boden des Tontopfes.

# FEIERN IM FRÜHLING

**Ostern ist ein idealer Anlass für einen herrlichen Frühlingsausflug mit deinen Eltern und Freunden. Und am Abend vor dem 1. Mai lädst du deine Freunde zur Walpurgisnacht ein!**

## Ausflugsideen

Natürlich kannst du mit deiner Familie oder deinen Freunden auch an den anderen Nachmittagen oder Wochenenden im Frühjahr einen unvergesslichen Abenteuerausflug machen. Schöne Ziele sind ein Mischwald mit Buchen und Eichen, ein kleiner Auwald entlang von Bächen und Flüssen oder Wiesen mit Apfel- und anderen Obstbäumen. Auf dem Weg kannst du eine Schnitzeljagd mit Sägespänen organisieren: Zwei aus der Gruppe bekommen einen Sack Sägespäne oder Kleintierstreu und starten mit einem Vorsprung von etwa zehn Minuten. An allen Abzweigungen markieren sie den eingeschlagenen Weg mit einem Häufchen Späne. Am Ziel angelangt, verstecken sich die beiden und überraschen die Verfolger. Auch Pfeile aus gesammelten Zweigen und Stöcken eignen sich als Wegmarkierung.

## Anlässe für Feste

Ideen für Feste gibt es im Frühling mehr als genug. Wie wäre es zum Beispiel mit folgenden?

- ☐ Apfelblütenfest mit einem Picknick im Obstgarten
- ☐ Ostereierparty mit gemeinsamem Färben und Anmalen von Hühnereiern
- ☐ Blumenwiesenfest mit schönen Basteleien aus Blumen und Halmen
- ☐ Fahrradrallye mit Wettspielen auf dem Rad

# Osterausflug

**Gemeinsam mit Eltern, Geschwistern und Freunden erkundest du an Ostern die erwachende Natur – und findest unterwegs hoffentlich einige Ostereier oder Schokoladenhasen, die deine Eltern vorab an verschiedenen Stellen versteckt haben!**

## Los geht's

Für den Ausflug sucht ihr euch ein schönes Ziel aus. Am meisten Spaß macht es, wenn der Weg abwechslungsreich durch Wald und Feld, über Lichtungen und Wiesen, am Bachlauf oder See entlang bergauf, bergab führt.

Wenn ihr zu zweit Hand in Hand geht, kann einer streckenweise die Augen schließen und sich führen lassen. Umarmt zu mehreren einen alten Baumstamm: Wie viele Personen braucht ihr, um ihn zu umfassen? Wie fühlt sich der Stamm an? Sammelt duftende Blüten, Blätter und Blumen und ratet abwechselnd mit verschlossenen Augen, um welche Pflanze es sich handelt. Schmuggelt ruhig auch mal ein belegtes Wurstbrot oder einen Schuh unter die Pflanzen.

## Wenn der Hunger kommt

Bewegung an der frischen Luft macht hungrig. In den Rucksack packt ihr Leckeres zum Vespern: mit Butter bestrichenes Osterbrot, hart gekochte Eier, gewürfelten Käse mit Trauben, Fleischwurst am Stück, süßes Osterlamm aus Biskuitteig und klein geschnittene Karotten, Gurke und Radieschen.

Denkt auch an eine Isomatte oder ein Sitzkissen zum Draufsetzen. Der Boden kann noch kühl sein!

### Österliches Pfeifkonzert

Nimm ein Taschenmesser mit auf den Ausflug und bitte einen Erwachsenen, dir ein etwa fünf bis sechs Zentimeter langes, fingerdickes und gerade gewachsenes Holunderholzstück abzuschneiden. Entferne das weiche Mark im Innern, indem du es mit einem spitzen Stöckchen herausschiebst. Runde den Rand der oberen Öffnung ab und verziere die Rinde mit Schnitzereien. Bohre mit Hilfe eines Erwachsenen Löcher wie bei einer Blockflöte, drücke die untere Öffnung mit einem Finger zu und blase gleichzeitig in das Holunderrohr hinein.

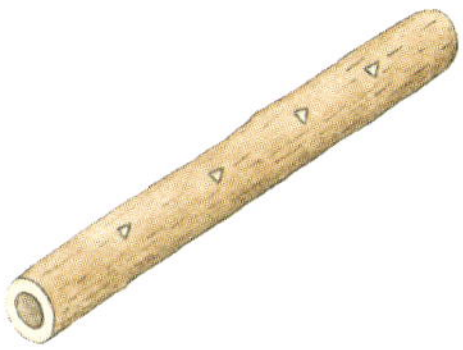

### Süßes Osterbrot für Schleckermäuler

Löse einen Würfel Backhefe in einer Tasse lauwarmem Wasser auf und verrühre alles mit einer Hand voll Mehl zu einem flüssigen Teig, den du eine halbe Stunde lang an einem warmen Ort gehen lässt. Dazu gibst du 4 Eier, 200 Gramm zimmerwarme Butter, 3 Esslöffel Zucker und 1 Prise Salz. Mit so viel Mehl wie nötig (etwa 650 Gramm) verknetest du alles zu einem geschmeidigen Teig. Der Teig ist gut, wenn er nicht mehr an deinen Händen kleben bleibt. Nun lässt du den Teig in einer zugedeckten Schüssel an einem warmen Ort so lange gehen, bis er doppelt so groß geworden ist. Dann knetest du ihn noch einmal durch und formst daraus ein rundes Brot. Backe das Osterbrot im auf 180 Grad vorgeheizten Backofen für ungefähr 50 bis 60 Minuten. Es ist fertig, wenn die Oberfläche goldbraun ist.

# Walpurgisfest

**Die Nacht vor dem 1. Mai wird Walpurgisnacht genannt. Ursprünglich entfachten die Menschen ein großes Feuer und feierten damit das Frühlingserwachen aller Lebenskräfte. Das ist doch ein schöner Anlass für ein Fest mit deinen Freunden, oder?**

## Das Maifeuer

Treffe dich am frühen Abend mit deinen Freunden. Zieht gemeinsam zu einem Platz mit einer Feuerstelle. Erkundige dich zuvor im Rathaus oder bei der Feuerwehr nach einem solchen Platz. Eventuell muss das Feuer auch genehmigt werden. Lasst euch unbedingt von einem Erwachsenen begleiten. Und tragt am besten Kleidung aus Naturfasern wie Baumwolle oder Wolle, weil Funken Löcher in Kleidung aus Kunstfasern – auch in Fleecestoffe – brennen können. Wenn ihr wollt, könnt ihr euren

Weg mit Fackeln beleuchten und euch wie Hexen verkleiden und schminken.

Am Ziel angekommen entfacht ihr das Maifeuer. Singt gemeinsam einige Lieder, tanzt und esst am Feuer. Grillt Würstchen an einem langen Stecken und in Alufolie gewickelte Kartoffeln. Zwiebeln und Fetakäse schmecken lecker, wenn sie eine Weile im offenen Feuer gegart werden. Den Durst löscht ein Hexentrunk aus Mineralwasser, vermischt mit rotem Fruchtsaft oder Früchtetee. Ist das Feuer weit genug heruntergebrannt und besteht nur noch aus Glut, können mutige Hexen darüber springen. Übrigens: Früher galt so ein Sprung über das Maifeuer als heilend und schützend.

**Feuer machen, aber richtig!**

Bevor ihr ein Feuer entfacht, überlegt ihr euch, was ihr dazu benötigt und wie ihr es wieder löschen könnt.

- Haltet fürs Löschen Sand oder Wasser bereit.
- Entzündet ein Feuer nur, wenn ein Erwachsener dabei ist und nur an einer vorgesehenen Feuerstelle oder auf einem öffentlichen Grillplatz. Ein Kreis aus Steinen sichert das Feuer und verhindert, dass es sich ausbreiten kann.
- Als Feuermaterial braucht ihr: Zeitungspapier, Reisig, kleine Weichholz-Zweige, dickere Hartholz-Äste (Buche, Eiche, Ahorn).
- So schichtet ihr das Feuermaterial: Häuft zunächst kleine Knäuel Zeitungspapier in der Mitte der Feuerstelle auf. Legt dünneres Reisigholz darauf und baut darüber eine Pyramide aus aufgestellten Weichholz-Zweigen. Entzündet nun diese Pyramide. Brennt sie gut, legt nach und nach Äste aus Hartholz darauf. Damit das Feuer wenig raucht, stellt auch die Hartholz-Äste wie eine Pyramide auf.
- Kommt ein stärkerer Wind auf, löscht ihr das Feuer sofort.
- Verlasst die Feuerstelle erst, wenn in der Asche keine Glut mehr ist.

# ENTDECKE DEN SOMMER!

**Sommer – das erinnert dich an Sonnenschein, Baden gehen, Eis schlecken, heiße Ferientage und lange, helle Abende. Es stimmt: Der Sommer findet draußen statt, denn nur dort riecht und schmeckt der Sommer nach Sommer!**

## Sommer-Stimmung

Im Sommer zeigen sich die Wiesen in voller Blütenpracht, unzählige Insekten summen und brummen. Das geschlossene Laubdach macht die Wälder zu einem schattigen Lebensraum, in dem mittags die Tiere zu ruhen scheinen.

In den sich langsam erwärmenden Seen und Teichen wachsen die Kaulquappen zu Fröschen heran. Seerosen und Wasserknöterich blühen – bald ist Badezeit!

Jetzt heißt es draußen sein: im nahe gelegenen Park, am Fluss oder Bach, in Wäldern und auf Wiesen rund um Stadt und Dorf, auf Plätzen und Straßen. Erkunde die heimische Tier- und Pflanzenwelt zu Fuß oder mit dem Rad, frühmorgens, wenn die anderen noch schlafen, oder am Abend, wenn die Sonne wieder untergeht.

Auch Regenwetter sollte dich nicht davon abhalten hinauszugehen – denn dann riecht alles noch viel intensiver.

# Sommerzeit

**An den heißesten Tagen des Jahres flirrt die Luft in der sommerlichen Mittagshitze. Die Landschaft scheint wie bei einer Fata Morgana zu verschwimmen. Und abends, wenn die Sonne tief steht, bringt das schöne Licht die Farben zum Leuchten.**

## Sommer bei den Astronomen

Für die Astronomen, die Sternenforscher, beginnt der Sommer mit dem längsten Tag des Jahres, dem 21. Juni. Zwischen Sonnenuntergang und -aufgang vergehen keine acht Stunden. Richtig dunkle Nacht herrscht sogar nur vier Stunden lang, denn morgens und abends ist es lange dämmrig.

Schon vom ersten Sommertag an werden die Tage wieder kürzer. Zunächst nimmst du das kaum wahr, aber je weiter der Sommer fortgeschritten ist, umso deutlicher siehst du, dass es abends früher dunkel wird. Der Sommer endet mit der Tagundnachtgleiche, etwa am 22. September.

## Sommer bei den Wetterforschern

Für die Meteorologen, die Wetterforscher, beginnt der Sommer am 1. Juni und endet am letzten

## Eine Fata Morgana bei uns?

Vielleicht hast du auch schon davon gelesen: Eine Gruppe Menschen reist durch die heiße Wüste und sieht plötzlich in der Ferne einen See mit einer palmenbewachsenen Oase. Die Reisenden können die Oase und den See jedoch gar nicht sehen, da sie weit hinter den Dünen liegen. Es handelt sich um eine Fata Morgana. An heißen Sommertagen kannst du bei uns eine ähnliche Erscheinung sehen: Wenn sich mittags der Asphalt auf der Straße stark erhitzt, siehst du ein Flimmern über der Straße, manchmal sogar eine spiegelnde Wasserfläche. Auch das ist ein Trugbild: Eine Fata Morgana ist eine komplizierte Luftspiegelung. Wenn sich dicht über dem Boden eine heiße Luftschicht bildet, wird das Licht von dieser wie von einem Spiegel zurückgeworfen (in der Fachsprache nennt man das „reflektieren"). Dabei kann man dann die Spiegelbilder von Gegenständen sehen, die eigentlich viel zu weit entfernt sind, um sie tatsächlich erkennen zu können.

Tag im August. Doch auch Tage im Mai und September können sommerlich warm sein.

### Die Sommersonnenwende

Früher feierten die Menschen bei uns am längsten Tag des Jahres ein Feuerfest zu Ehren der Sonne. Und auch heute brennen in der Johannisnacht (24. Juni) in manchen Gegenden noch große Feuer, die an Johannes den Täufer aus dem christlichen Glauben erinnern. Die Menschen entzünden manchmal fast haushohe Feuerstapel und Holzstöße und tragen brennende Fackeln durch die Felder. Damit dabei nichts passiert, werden diese Feste häufig von der Feuerwehr veranstaltet. Erkundige dich bei der örtlichen Feuerwehr oder im Rathaus, ob eines in deiner Nähe stattfindet. Wenn das Feuer hell auflodert, kannst du wie früher üblich deine Sorgen und Wünsche auf kleine Zettel schreiben und sie ins Feuer werfen.

# Sommerwetter

**Wochenlanger Sonnenschein, regnerische Tage, warme und kalte Witterung oder auch mächtige Gewitter – das Sommerwetter kann ganz schön wechselhaft sein!**

## Wird der Sommer schön?

Durch unsere Lage auf dem europäischen Kontinent mit der Nähe zum Meer gibt es einen schönen Sommer, wenn sich bis Ende Juni eine stabile Hochdruckzone über Mitteleuropa gebildet hat. Dann kann wochenlang die Sonne scheinen. Hat sich bis dahin über Mitteleuropa jedoch keine stabile Zone mit hohem Luftdruck aufgebaut, wird der Sommer bei uns wechselhaft: mal warm, mal kalt, ein Wechsel von sonnigen und regnerischen Tagen.

## Blitz und Donner

An heißen, drückenden Sommertagen entstehen manchmal heftige Gewitter, weil sich in der feucht-warmen Luft schnell Wolken bilden können. Steigt die Luft in große Höhen, werden daraus dunkle Gewitterwolken. Das sind die höchsten Wolken, die es gibt. Sie reichen

### Wenn die Luft drückt

Wir spüren es nicht, aber die Luft drückt ständig auf uns. Dieser so genannte Luftdruck wird mit einem Barometer in Hektopascal (hpa) gemessen. Manchmal ist der Luftdruck niedrig, zum Beispiel 900 hpa – dann ist das Wetter oft wolkig und nass. Ist der Luftdruck mit 1050 hpa hoch, ist es meist schön und trocken. Wenn sich das Wetter verändert, ändert sich auch der Luftdruck. Lies während der Sommerzeit immer wieder den Luftdruck an einem Barometer ab und notiere ihn in deinem Naturforscherbuch.

bis in zehn Kilometer Höhe hinauf und sind größer als der höchste Berg der Erde, der Mount Everest. Gewitterwolken sind wie eine Batterie aufgeladen, weil im Wolkeninnern heftige Winde Regen und Eisstückchen durcheinander wirbeln. Dabei reiben sich die Wassertropfen und Eisstückchen kräftig aneinander – so entsteht Elektrizität. Irgendwann ist die Spannung in der Wolke zu groß und sie entlädt sich in einem Blitz, der zur Erde rast. Die Luft wird glühend heiß, leuchtet grell auf und dehnt sich schlagartig aus: Sie explodiert mit einem lauten Knall – dem Donner. Auf der ganzen Erde gibt es in jedem Augenblick etwa 1000 bis 2000 Gewitter!

**Schon gewusst?**
Ein Blitz ist etwa fünf bis zehn Kilometer lang und misst im Durchmesser nur bis zu 11 mm. Für einige Millionstel Sekunden lang fließt Strom von bis zu 400 000 Ampere! Zum Vergleich: Bei einem Fön fließen etwa 7 Ampere.

### Was tun bei einem Gewitter?

Lebewesen, die vom Blitz getroffen werden, erleiden schwerste oder sogar tödliche Verletzungen. Bei einem Gewitter solltest du

- niemals Schutz unter einem Baum suchen, da Blitze oft in hohe Bäume oder Häuser einschlagen!
- wenn du im Freien badest, sofort das Wasser verlassen!

Sicher bist du in einem Gebäude oder Auto. Kannst du auf freiem Feld so rasch keinen sicheren Platz finden, geh tief in die Hocke und stelle deine Füße ganz dicht nebeneinander. So bleibst du tief gekauert hocken, bis das Gewitter vorbeigezogen ist. Das dauert maximal eine halbe Stunde.

### Der Sekundentrick

Blitz und Donner erfolgen zur selben Zeit. Du siehst den Blitz aber früher, weil sich das Licht viel schneller bewegt als der Schall. Und genau das kannst du nutzen, um herauszufinden, wie weit ein Gewitter von dir entfernt ist, ob es auf dich zukommt oder sich von dir entfernt.
Der Schall des Donners benötigt für einen Kilometer ziemlich genau drei Sekunden. Deshalb brauchst du nur die Sekunden zwischen Blitz und Donner zu zählen und diese Zahl durch 3 zu teilen.
Das ergibt die Entfernung des Gewitters in Kilometern. Ein Beispiel: Ein Blitz leuchtet auf und du fängst sofort an zu zählen: 1, 2, 3, 4, 5, 6 Sekunden. Jetzt ertönt der Donner. Also 6 geteilt durch 3 ergibt 2, das heißt: Das Gewitter ist zwei Kilometer von dir entfernt.
Werden die Abstände zwischen Blitz und Donner kürzer, kommt das Gewitter näher. Werden sie länger, entfernt es sich.

## Wenn Eiskörner vom Himmel fallen

Manchmal fällt bei einem Gewitter auch Hagel. Das sind große Eiskörner, die wie eine Zwiebel aus mehreren Schichten bestehen.
Doch wie entsteht Hagel? In den großen Gewitterwolken ist es ganz oben sehr kalt. Dort gefrieren die Wassertröpfchen. Kleben viele von ihnen zusammen, bildet sich ein Hagelkorn.
Manche dieser Eiskörner sind bis zu fünf Zentimeter groß. Hagel kann großen Schaden anrichten und in wenigen Minuten ganze Ernten vernichten.

## Morgenrot – Abendrot

Hast du dir schon einmal Gedanken darüber gemacht, warum der Himmel blau ist? Die Lufthülle (die so genannte Atmosphäre) um die

Erde besteht aus vielen kleinen Teilchen, vor allem aus Sauerstoff- und Stickstoffteilchen. Wenn Sonnenstrahlen die Lufthülle durchdringen, werden besonders die blauen Anteile des Sonnenlichts von diesen Teilchen in alle Richtungen gestreut – so sehen wir die Farbe Blau.

Wenn die Sonne morgens oder abends tief am Horizont steht, müssen die Sonnenstrahlen einen viel längeren Weg durch die Lufthülle zurücklegen als beispielsweise am Mittag. Jetzt erreichen die roten und gelben Anteile des Sonnenlichts unser Auge.

**Sei ein Wetterforscher**

Wenn du morgens und abends den Himmel betrachtest, kannst du das Wetter vorhersagen und damit sicher deine Eltern oder Freunde beeindrucken: Folgt auf einen grauen Sonnenuntergang Morgenrot, so wird das Wetter schlechter und regnerisch. Abendrot und Morgengrau hingegen zeigen dir schönes Wetter an.

# Sommer im Wald und auf der Wiese

**Ist dir in der Stadt zu heiß, dann nichts wie raus in den kühlen, angenehmen Wald! Dort – und auch auf den Sommerwiesen – gibt es jede Menge zu entdecken.**

## Kühl und frisch

Tagsüber dringt durch die dichte Baumkrone wenig Sonnenlicht in den Wald ein. Weil die Bäume zudem reichlich Wasser über ihre Blätter verdunsten, ist die Luft kühler als in der sonnigen Stadt (Verdunstungskälte, Seite 9). Mit dem Wasser verdunsten auch in den Blättern enthaltene ätherische Öle. Deshalb riecht es im Wald so gut.

**Schon gewusst?**
Nachts ist es im Wald wärmer als in der Umgebung. Die dichten Baumkronen verhindern, dass die Wärme an die Lufthülle abgegeben wird.

## Höhlen und andere Tierspuren

Mit etwas Glück findest du bei deinen Entdeckungstouren durch den Wald eine bewohnte Erdhöhle. Eine Dachshöhle erkennst du an einer langen Rutsche, die steil zum Eingang führt. Ein strenger Geruch und herumliegende Nahrungsreste wie Knochen oder Federn weisen auf einen Fuchsbau hin. An feuchten Stellen im Wald kannst du ein Schlammloch finden: Das ist die Suhle der Wildschweine. Sie wälzen sich im Schlamm, lassen ihn antrocknen und scheuern ihr Fell an einem Baumstamm ab. So befreien sie sich von lästigen Parasiten wie Zecken. Erkennst du an den Stämmen die trockenen Schlammreste?

### Mäuse-Straßen

Manche Wiesen werden schon im Juni zum ersten Mal gemäht. Jetzt kannst du hier gut ein verzweigtes Netz von Gängen sehen, die in Löchern enden. Dabei handelt es sich um die Straßen der Feldmäuse, die oft wie Tunnel von Pflanzen bedeckt sind. Setz dich einmal ins Gras, bleib ganz ruhig sitzen und versuche, die Mäuse auf ihren Wegen von Loch zu Loch zu beobachten. Übrigens: Feldmäuse sind eine wichtige Nahrungsquelle für viele Raubtiere wie Fuchs, Bussard und Schleiereule.

### Das Zirpen auf der Wiese

Ganz typisch für eine Sommerwiese ist das unermüdliche Zirpen der Heuschrecken. Mit diesem Konzert werben die Männchen um die Weibchen. Insekten in deiner nächsten Nähe verstummen jedoch sofort, wenn du mit deinen Füßen fest auftrittst. Bleib dann eine Weile ganz ruhig stehen und versuche, wenn das Gezirpe wieder einsetzt, durch Hören herauszufinden, wo die Heuschrecke sitzt. Kannst du sie sogar sehen? Das klingt einfacher als es tatsächlich ist. Probier es aus!

Heuschrecken sitzen im unteren Bereich von Stängeln und Halmen, einige Arten auch in den Zweigen von Büschen und Bäumen. Die weiblichen Heuschrecken erkennst du am langen Legebohrer am Hinterleib, der oft für einen Stachel gehalten wird. Heuschrecken können aber nicht stechen – mit diesem Legebohrer legen die Weibchen ihre Eier ins Erdreich.

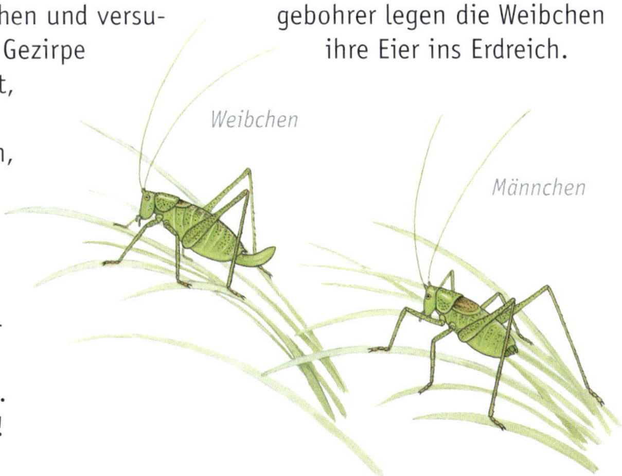

## Geheimnisvolles Leuchten

In warmen Sommernächten sieht man die Leuchtkäfer, besser bekannt als Glühwürmchen. Dass es Käfer sind, erkennst du an den Männchen, die leuchtend umherfliegen. Das flugunfähige, etwa ein bis zwei Zentimeter lange Weibchen erinnert eher an eine Insektenlarve. Es sitzt im Gras oder zwischen Pflanzen am Boden und lockt mit seinen Leuchtsignalen die Männchen an.

Das Leuchten erzeugt es durch eine biochemische Reaktion, bei der – anders als bei Glühbirnen – keine Wärme entsteht. Daher fühlen sich die Käfer stets kalt an.

Ausgewachsene Käfer fressen nichts mehr und sterben bald nach der Paarung und Eiablage. Auch die Larven leuchten. Sie leben versteckt unter Steinen und Holzhaufen und ernähren sich von Schnecken.

Bei Dunkelheit kannst du nach den leuchtenden Weibchen suchen und sie im Licht der Taschenlampe betrachten. Beobachte die fliegenden Männchen. Setze ein Glühwürmchen vorsichtig in eine Becherlupe oder in ein Glas: Wie sehen die Käfer aus? Wo liegen die Leuchtorgane? Leuchten sie ununterbrochen oder geben sie Signale?

## Wiesenblumen im Sommer

Eine Wiese bleibt eine Wiese, wenn sie regelmäßig gemäht oder von Tieren abgeweidet wird. Ohne Schnitt wachsen auch Sträucher und Bäume, sodass aus der Wiese nach vielen Jahrzehnten ein Wald entstehen würde.

Packe ein Blumenbestimmungsbuch ein und besuche an einem sonnigen Tag eine Wiese. Lerne zum Beispiel folgende Blumen kennen und beobachte, welche Insekten auf welche Blüten fliegen.

□ Wiesenkerbel
□ Großer Wiesenknopf
□ Wiesenplatterbse
□ Wiesenbocksbart
□ Wiesenklee
□ Wiesenstorchschnabel
□ Wiesenglockenblume
□ Wiesenlabkraut

## Die Blumenuhr

Viele Blüten sind nicht Tag und Nacht geöffnet, sondern öffnen und schließen sich nach einem eigenen Rhythmus. An einem sonnigen Ferientag kannst du das auf einer Wiese gut beobachten. Viele Blumen sind Frühaufsteher, sodass du ein bestimmtes Stück Wiese zum ersten Mal vor Sonnenaufgang anschauen solltest. Dann betrachte es im Abstand von einer Stunde. Notiere jedes Mal in deinem Naturforscherbuch die Uhrzeit – auch wann die Sonne aufgeht – und schreibe dazu oder skizziere, welche Blumen geöffnet oder geschlossen sind. Nach einer Weile kannst du so aus der Öffnung der Blüten die Zeit ablesen.

Hier die „Öffnungszeiten" einiger Wiesenblumen:

- ☐ Klatschmohn: 5 bis 10 Uhr
- ☐ Königskerze: 5.30 bis 9.30 Uhr
- ☐ Wegwarte: 5.30 bis 10 Uhr
- ☐ Zaunwinde: 6 bis 18 Uhr
- ☐ Löwenzahn: 8.30 bis 17 Uhr
- ☐ Ringelblume: 9 bis 12 Uhr
- ☐ Nachtkerze: 19 bis 6 Uhr

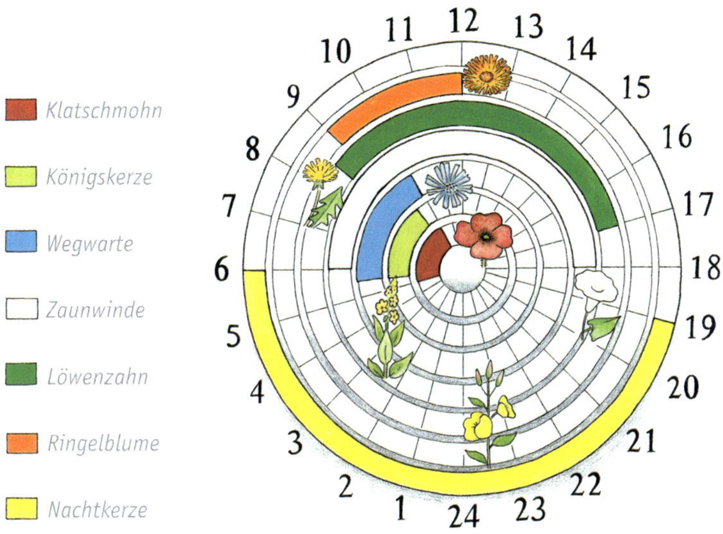

# Tiere im Sommer

**Im Sommer haben die Insekten Hochsaison. Wo du auch hinschaust, entdeckst du sie: Käfer, Bienen, Schmetterlinge, Fliegen, Mücken ... Doch auch bei den Säugetieren, Vögeln, Kriechtieren und anderen Tiergruppen ist einiges los.**

### Das passiert im Juni:

- ☐ Beim Rotwild gibt es jetzt Nachwuchs.
- ☐ Der Vogelgesang nimmt ab, weil die Eltern mit dem Füttern der Jungen ausgelastet sind.
- ☐ Die Ameisen fliegen zu ihrem Hochzeitsflug.

### Das passiert im Juli:

- ☐ In warmen Nächten leuchten Glühwürmchen.
- ☐ Kaulquappen entwickeln sich zu Fröschen, Kröten, Molchen.
- ☐ Die Singzeit der Singvögel endet.
- ☐ Taubenschwänzchen, die „Kolibrifalter", tauchen auf.

### Das passiert im August:

- ☐ Grillen und Heuschrecken zirpen unüberhörbar auf den Wiesen.
- ☐ Abends gehen selbst in den Städten Fledermäuse auf Jagd nach Insekten.
- ☐ Weißstörche und Mauersegler verlassen uns und ziehen in den Süden.

▲ *kleine Libelle mit rotem Körper: Adonislibelle*

▲ *kleine Libellen mit blauem Körper: verschiedene Arten von Azurjungfern*

### Hochzeit bei den Libellen ...

An Teichen und Seen mit vielen Pflanzen am Ufer kannst du jetzt unzählige Libellen beobachten. Im raschen Flug schießen sie auf der Jagd nach kleinen Insekten dahin oder bleiben minutenlang still in der Luft stehen. Jetzt paaren sich die Libellen: Männchen

### Wie Libellen schlüpfen

Frühmorgens ist die beste Zeit, um einer Libelle beim Schlüpfen zuzuschauen. Suche dazu am Teich- oder Seeufer Bereiche, in denen Schilf- und andere Pflanzenstängel aus dem Wasser herausragen. An solch einem Stängel kriecht die Libellenlarve morgens aus dem Wasser. Der Panzer der Larve reißt am Rücken auf und die fertige Libelle kriecht heraus. Bis sie davonfliegt dauert es noch eine halbe bis ganze Stunde. Das gibt dir ausreichend Zeit, um dieses Ereignis auf Fotos festzuhalten.
Erkennst du die häufigsten heimischen Libellen?

*große Libelle mit breitem blauem oder gelbem Hinterleib: Plattbauch (blau sind die Männchen, gelb die Weibchen)*

*große Libelle mit blau-gelb-schwarz gemustertem Hinterleib: Mosaikjungfer*

und Weibchen bilden im Flug ein Paarungsrad. Direkt nach der Paarung legt das Weibchen die Eier ins Wasser oder in ufernahe Pflanzen ab.

### ... und bei den Ameisen

Auch bei den Ameisen ist jetzt Paarungszeit. An einem sonnigen Junitag verlassen unzählige geflügelte Weibchen und Männchen das Nest und starten zu ihrem Hochzeitsflug. Hoch oben in der Luft paaren sie sich. Die befruchteten Weibchen werfen ihre Flügel ab und gründen als neue Königinnen einen Ameisenstaat.

### Flugübungen

Im Frühsommer sind einige Vogeleltern noch mit dem Brüten beschäftigt, andere suchen unermüdlich den ganzen Tag nach Futter, um die hungrigen Jungen satt zu bekommen. Und irgendwann ist dann für jedes Vogelkind der Tag da, an dem es das Fliegen übt. Wenn du mit offenen Augen durch die Natur gehst, kannst du in Ästen und Zweigen von Gebüsch und Bäumen junge Vögel entdecken und ihnen bei ihren ersten Flugübungen zuschauen.

## Gibt es bei uns Kolibris?

Wenn vor den Blüten auf Balkon, Terrasse oder im Garten scheinbar ein kleiner Kolibri in der Luft steht und Nektar saugt, dann bist du einem Schmetterling begegnet – dem Taubenschwänzchen. Sein breiter Hinterleib ähnelt dem Federschwanz eines Vogels. Das Taubenschwänzchen, das auch „Kolibrifalter“ genannt wird, ist ein Wanderfalter, der im Sommer aus den Mittelmeerländern über die Alpen zu uns fliegt.

### Daran erkennst du flugfähige Jungvögel

Das Federkleid junger Sing-, Greif- oder Krähenvögel ist unscheinbarer als das der Alttiere. Es hat einen einheitlicheren Farbton. Die Federn sehen oft wollig aus, der Schwanz ist kürzer. Auffallend sind auch die hohen, rauen oder durchdringenden Bettelrufe, die sie ununterbrochen wiederholen, um von ihren Eltern gefüttert zu werden.

### Heimische Greifvögel

Tagsüber kreisen zahlreiche Greifvögel am Himmel. Mäusebussarde fallen durch ihre lauten „Hijäh"-Rufe auf, Falken dadurch, dass sie immer wieder mit raschen Flügelschlägen in der Luft stehen bleiben. Heimische Greifvögel sind:

- ☐ Mäusebussard
- ☐ Rotmilan
- ☐ Sperber
- ☐ Habicht
- ☐ Turmfalke
- ☐ Baumfalke
- ☐ Wanderfalke

### Hoch oben am Himmel

Im Juli jagen große Gruppen von Mauerseglern laut kreischend hoch über Stadt und Dorf. Mit ihrem breiten Maul sammeln sie kleine Fluginsekten. Von den Schwalben kannst du sie durch die langen sichelförmigen Flügel unterscheiden, zudem sind sie deutlich größer. An kühlen Tagen fliegen sie in viele hundert Kilometer weit entfernte Gebiete mit schönem Wetter. Mauersegler verbringen fast ihr ganzes Leben in der Luft. Sie schlafen sogar im Flug. Pünktlich an den ersten Augusttagen verlassen sie uns wieder in Richtung Süden. Notiere jedes Jahr in deinem Naturforscherbuch, wann sie bei uns ankommen und wann sie wieder wegfliegen.

## Die Echse im Schuppenkleid

Emsig huscht eine Zauneidechse eine sonnige Mauer hoch, immer auf der Suche nach Nahrung. Wird sie gestört, verschwindet sie blitzschnell in einem engen Spalt. Im Sommer kannst du sie häufig an spärlich bewachsenen Bahndämmen, in Steinbrüchen und an Gartenmauern beobachten: Wie lange sonnt sie sich? Wann erscheint sie wieder aus dem Versteck, in das sie bei deinem Auftauchen verschwunden ist? Wie musst du dich nähern, damit sie dich nicht bemerkt? Welche Nahrungstiere erbeutet sie – und wie?

## Aus dem Leben der Blattläuse

Blattläuse sind für Gärtner ärgerlich, weil sie Pflanzen stark schädigen können. Für Biologen jedoch sind sie faszinierend: Im Herbst paaren sich Blattlaus-Männchen und Blattlaus-Weibchen, und die Weibchen legen Eier ab, die den Winter überdauern. Im Frühjahr schlüpfen aus diesen Eiern ausschließlich Weibchen, die nach kurzer Zeit lebende Junge zur Welt bringen – wiederum Weibchen –, ohne dass die Befruchtung durch ein Männchen notwendig ist. Diese ungeschlechtliche Vermehrung geschieht rasant: Würden alle Nachkommen einer Blattlaus überleben, hätte sie 170 Billionen oder 170.000.000.000.000 Blattläuse geboren!

Im Herbst bringen die Blattlaus-Weibchen dann weibliche und männliche Junge zur Welt, die sich paaren. Die Weibchen legen befruchtete Eier ab – und der Kreislauf beginnt von vorn.

Übrigens: Natürliche Feinde von Blattläusen sind Marienkäfer. Sie fressen große Mengen von Blattläusen und halten die Schädlinge auf diese Weise in Schach.

## Von der Raupe zum Falter

Schaust du dir Sträucher, Kräuter und Pflanzen am Wegrand an, wirst du schon bald Löcher in den Blättern entdecken. Sie stammen von Raupen, die jedoch nicht wahllos irgendwelche Blätter fressen. Jede Art bevorzugt ganz bestimmte Pflanzen, auf die schon die Schmetterlinge ihre Eier legen.

Raupen sind wahre Fressmaschinen, die unermüdlich Nahrung zu sich nehmen. Sie wachsen also ständig, sodass ihre Haut bald zu eng wird und aufplatzt. Darunter kommt eine größere Raupe zum Vorschein. So geht das fünf- bis siebenmal in einem Sommer. Dann verpuppt sich die Raupe, und das Insekt entwickelt sich in dieser Hülle zum fertigen Falter. Bei manchen Arten schlüpft der Falter noch im selben Sommer, bei anderen überwintern Eier, Raupen oder Puppen.

*Entwicklung eines Distelfalters*

# MEIN SOMMER

**Zu keiner Zeit des Jahres macht es mehr Spaß, draußen zu sein. Die Tage sind lang und warm, die Sommerferien stehen an. Und so hast du jede Menge Zeit, Wald, Wiese, Teich und Tümpel in ihrer ganzen Vielfalt kennen zu lernen!**

## Naturforscher im Sommer

In der warmen Jahreszeit sind die meisten Säugetiere und Vögel mit der Aufzucht der Jungen beschäftigt. Lurche, Kriechtiere und Insekten überlassen ihre Brut sich selbst. Jetzt kannst du in allen Lebensräumen Jungtiere entdecken: winzige Wolfsspinnen und junge Eichhörnchen im Wald, Raupen und Rehkitze auf der Wiese, Minifrösche und Libellenlarven am Wasserrand.

## Dein Sommerversteck

Suche in deiner Nähe ein ruhiges, geheimes Fleckchen Land, das in diesem Sommer nur dir und deinen Freunden gehört. Das kann ein Gebüsch am Hang sein, ein Wiesenplatz in einer Senke oder ein Ort direkt am Bachlauf.

Besuche die Stelle immer wieder, so lernst du die Veränderungen im Lauf des Sommers kennen. Hier findest du sicher auch einen geheimen Platz für deine Schätze, die nur dich und deine Freunde etwas angehen.

# Die richtige Ausrüstung für Sommerforscher

**Wichtigste Regel für Sommerforscher: In den Rucksack gehören auf jeden Fall Sonnenschutz und ausreichend Getränke! Was du sonst noch brauchst, hängt von deinen Forscherplänen ab.**

## Das muss mit!

Ob du T-Shirt und kurze Hose oder Kleidung mit langen Ärmeln und Hosenbeinen trägst, hängt zum einen vom Wetter ab, zum anderen davon, was du unternehmen möchtest. Sicher ist: Das Durchstreifen von Gebüsch und Gestrüpp in Wald und Feld macht mit geschützten Armen und Beinen mehr Freude. Wähle auf jeden Fall bequeme und robuste Kleidung, die du dreckig machen kannst. Feste Schuhe sind für einen Naturforscher immer angebracht. Außer den Ausrüstungsgegenständen, die du schon als Frühlingsforscher bei dir hattest (Seite 24/25), benötigst du noch Folgendes:

- ☐ Sonnenhut oder -kappe
- ☐ Sonnencreme
- ☐ flache, durchsichtige Plastikschale zum Beobachten von Teichtieren in etwas Wasser

- ☐ alter Handspiegel mit Stiel, um das Leben unter den Schwimmblättern zu erkunden
- ☐ ausreichend Wasser oder Fruchtsaftschorle

## Blumenpresse

Mit gepressten Blumen kannst du nicht nur Schachteln, Papierbögen

und Heftdeckel verschönern, sondern auch Pflanzen kennen lernen. Dazu klebst du die gepresste Pflanze auf ein Blatt Papier und beschriftest es mit dem deutschen und dem wissenschaftlichen Pflanzennamen sowie dem Fund- oder Standort (Wiese, Waldrand, unter Gebüsch etc.). Außerdem kannst du auf dieses Blatt eine kleine Papiertasche kleben und weitere Pflanzenteile darin sammeln: Früchte, Samen oder Blütenteile.
Jedes Blatt kannst du in eine Prospekthülle stecken und in einem Ordner aufbewahren. So entsteht langsam ein Herbarium.

**So presst du Pflanzen richtig**

Beim Pflanzenpressen musst du sehr vorsichtig sein, damit keine Teile abbrechen.

1. Leg die Pflanze auf ein Blatt Papier.
2. Ordne die Teile schön an und decke die Pflanze mit Lösch- oder Fließpapier ab.
3. Dickere Pflanzenteile musst du zuvor rundum mit gefaltetem Fließpapier auspolstern. Nur so liegt der nächste Papierbogen gerade.
4. Schließe die Blumenpresse vorsichtig.
5. Wenn die Pflanzen richtig getrocknet sind, fühlen sie sich nicht kalt oder feucht an. Teste das mit deinem Handrücken.

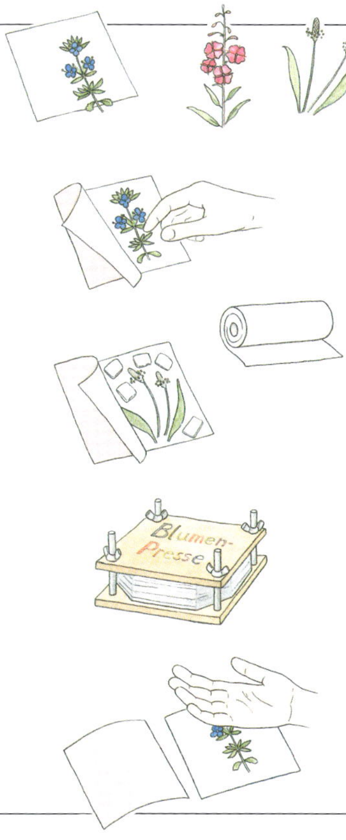

# Sommerforscher auf Entdeckungsreise

**Juni, Juli und August sind die Sommermonate, so steht es im Kalender. Doch die Natur folgt ihren eigenen Regeln und Gesetzen und hält sich nicht immer daran.**

### Wann beginnt bei dir der Sommer?

Finde einfach selbst heraus, wann der Sommer in deiner Gegend beginnt, und trage hier oder in dein Naturforscherbuch das Datum ein – es kann sich von Jahr zu Jahr verändern.

### Der Frühsommer beginnt, wenn diese Pflanzen blühen:

- Robinie,
- Holunder,
- Gräser;
- wenn die Erdbeeren reif werden,
- wenn das Heu zum ersten Mal geerntet wird.

### Der Hochsommer beginnt, wenn diese Pflanzen blühen:

- Kornblume,
- Winterlinde;
- wenn erste Früchte reifen bei Süßkirschen,
- Johannisbeeren,
- Stachelbeeren.

### Der Spätsommer beginnt, wenn

- sich beim Heidekraut die ersten Blüten öffnen;
- erste Früchte reifen bei Eberesche (Vogelbeere),
- Frühpflaume,
- Frühapfel;
- wenn die Wiesen zum zweiten Mal gemäht werden (Heu- oder Grummeternte).

## Wann geht die Sonne auf und unter?

| Tag | Aufgang | Untergang |
|---|---|---|
| 1. Juni | ca. 4.15 Uhr | ca. 20.20 Uhr |
| 15. Juni | ca. 4.10 Uhr | ca. 20.30 Uhr |
| 1. Juli | ca. 4.15 Uhr | ca. 20.30 Uhr |
| 15. Juli | ca. 4.30 Uhr | ca. 20.25 Uhr |
| 1. August | ca. 4.50 Uhr | ca. 20.00 Uhr |
| 15. August | ca. 5.10 Uhr | ca. 19.40 Uhr |
| 31. August | ca. 5.30 Uhr | ca. 19.00 Uhr |

Die angegebene Uhrzeit ist die Mitteleuropäische Zeit (MEZ). Während der Sommerzeit musst du eine Stunde zu der angegebenen Uhrzeit dazuzählen.

### Unter Spinnen

Sind dir im sommerlichen Wald oder auf der Wiese schon einmal braune Spinnen aufgefallen, an deren Hinterleib eine hellbraune Kugel klebt? Das sind Wolfsspinnen, die ihre Eier in einem Kokon mit sich herumtragen. Wenn die jungen Spinnen geschlüpft sind, bleiben sie noch eine Weile auf dem Rücken der Mutter. Willst du sie beobachten, dann leg dich ganz still auf den Boden, denn Wolfsspinnen eilen bei jeder noch so kleinen Erschütterung schnell weg. Ist dir der Boden zu kühl, leg einfach eine Isomatte oder Decke unter.

## Die Wiesenapotheke

Auf unseren Wiesen und an Wegrändern wachsen jetzt zahlreiche Heilkräuter: Echte Kamille, Wiesensalbei, Beinwell, Johanniskraut und Echter Baldrian gehören dazu. Pflücke die jungen Blätter und die gerade aufblühenden Blüten. Achte aber darauf, dass du nur dort Kräuter sammelst, wo Straßen fern sind und keine Pflanzenschutzmittel gespritzt wurden.

## Lerne die Kräuter kennen!

Willst du die heimischen Wildkräuter kennen lernen, schreibe die Namen der wichtigsten Arten auf ein Blatt Papier. Klebe ein Bild oder Foto sowie eine kurze Beschreibung dazu. Dann geh allein oder mit Freunden auf Kräutersuche und sammle die aufgelisteten Pflanzen. Schau dir die Blüten an, nimm den intensiven Duft der Blätter wahr und ergänze deine Angaben auf dem Papier: Wo steht die Pflanze: am Wegrand, auf einer Waldlichtung, am Ufer eines Teichs oder Sees? Welche Insekten besuchen ihre Blüte? Welche Pflanzen wachsen neben ihr?

Wenn du mit Freunden unterwegs bist, könnt ihr zum Schluss noch ein kleines Spiel machen: Gebt alle gefundenen Pflanzen in einen großen Beutel und verbindet euch die Augen. Jeder zieht eine Pflanze, ertastet sie und riecht an ihr: Na, wie hieß sie noch?

## Heimische Wildkräuter

*Brennnessel*

*Löwenzahn*

*Johanniskraut*

*Beinwell*

*Wiesensalbei*

*Frauenmantel*

*Kamille*

*Baldrian*

*Weiße Taubnessel*

*Gänseblümchen*

*Schafgarbe*

*Spitzwegerich*

## Erste Hilfe!

Bei kleinen Wehwehchen helfen rasch bestimmte Pflanzen. Damit du sie anwenden kannst, musst du sie natürlich erkennen!

- ☐ Blasen an den Füßen: Blätter vom Spitzwegerich darauf legen
- ☐ Insektenstich oder an Brennnesseln verbrannt: Blätter vom Spitzwegerich zerreiben und den Saft auf die betroffene Hautstelle auftragen
- ☐ Sonnenbrand: Blätter der Schafgarbe auf die Haut legen

### Leckere Sommerfrüchte

Sommerzeit ist Beerenzeit: Jetzt reifen Himbeeren, Walderdbeeren, Johannisbeeren, Stachelbeeren, Brombeeren, Preiselbeeren und Heidelbeeren.

**Beeren-Obstsalat:** Steche aus einer Wasser- oder Honigmelone kleine Kugeln aus und mische sie vorsichtig unter verschiedene Beeren. Gib etwas Zitronensaft dazu und schon hast du einen leckeren Obstsalat.

**Beeren-Pfannkuchen:** Rühre einen Pfannkuchenteig aus 2 Eiern, 250 Gramm Mehl, einer Prise Salz und einem halben Liter Milch an. Gib eine Hand voll gemischte Beeren darunter. Erhitze etwas Fett in einer Pfanne und gib eine Kelle Teig hinein. Backe beide Seiten aus, bis sie schön gebräunt sind. Bestreue den Pfannkuchen mit einer Mischung aus Zucker und Zimt. Statt der Beeren kannst du auch Holunderblüten, Gänseblümchen oder Borretsch vor dem Ausbacken unter den Teig mischen.

### Basteleien mit Gräsern und Blüten

Gräser und Blüten ergeben ein schönes Webbild. Du brauchst dazu:

- ☐ Pappe in DIN-A4- oder DIN-A5-Größe
- ☐ reißfestes Baumwollgarn in bunten Farben

## An Teich und Tümpel

Weder im Wald noch auf der Wiese findest du auf kleiner Fläche so viele verschiedene Lebewesen wie an See, Tümpel und Teich:
Auf der Wasseroberfläche flitzen Wasserläufer und Wasserkäfer wie Schlittschuhläufer umher, an der Unterseite von Seerosenblättern kriechen Schnecken und Egel, und im ufernahen Wasser zwischen üppigen Wasserpflanzen tauchen Rückenschwimmer und Wasserkäfer. Sei bei deinen Beobachtungen am Wasser immer vorsichtig und achte darauf, dass du sicher stehen oder knien kannst!

Schneide in die Schmalseiten der Pappe Zickzack-Kanten und spanne das Baumwollgarn über die Längsseiten. Nun kannst du lange Halme verschiedener Gräserarten einzeln oder in kleinen Bündeln zwischen die gespannten Fäden einweben.

Achte darauf, dass die Schichten eng aneinander liegen, da sonst Löcher im Webbild entstehen können, wenn die Gräser getrocknet sind. Wenn du magst, verschönere dein Bild zum Schluss mit eingewebten Blüten an langen Stängeln.

2.

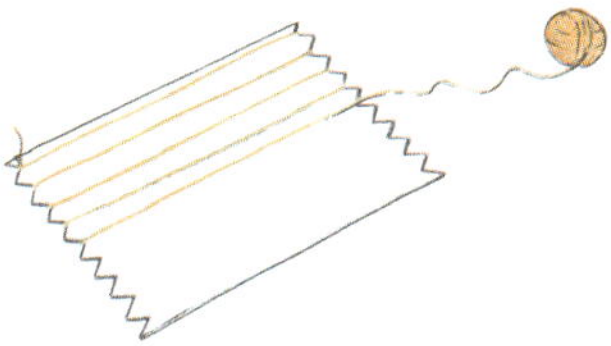

3.

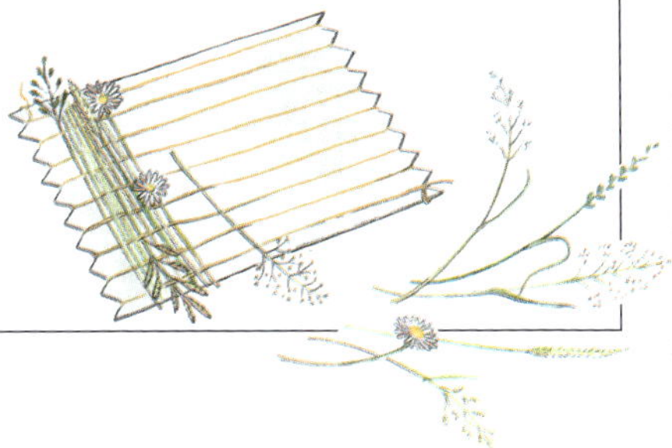

**Flinke Räuber**

Fang einen Wasserläufer mit deinem Kescher und beobachte ihn mit der Lupe in einer mit Wasser gefüllten flachen Schale. Wie bewegt er sich auf der Wasseroberfläche? Wirf eine kleine tote Mücke, die du zum Beispiel auf der Windschutzscheibe eines Autos gefunden hast, auf die Wasseroberfläche. Was passiert? Notiere deine Beobachtungen in deinem Naturforscherbuch.

**Wichtig!**

Denk immer daran: Wassertiere dürfen nicht austrocknen. Setze sie zum Beobachten in ein Gefäß mit kühlem Wasser, stelle sie immer in den Schatten und lasse die Tiere nach kurzer Zeit wieder frei.

### Wassertier-Beobachtungstipps:

Beobachte mit einer Lupe Details bei Wassertierchen:

- Taumelkäfer haben vier Augen, zwei zum Sehen über Wasser und zwei für unter Wasser.
- Rückenschwimmer bewegen sich ruckartig fort, mit langen ruderförmigen und dicht behaarten Hinterbeinen. Sie schwimmen auf dem Rücken liegend. Achtung: Diese Wanzen können stechen!
- Gelbrandkäfer und andere Unterwasserkäfer haben kräftige Mundwerkzeuge am Kopf, mit denen sie ihre Beute (Kaulquappen, Wasserinsekten und kleine Fische) packen und zerreißen.

### Wer taucht am längsten?

Einige Tiere können ziemlich lange unter Wasser bleiben:

- Eisvogel: 3 Sekunden
- Wasserspitzmaus: 24 Sekunden
- Fischotter: 45 Sekunden
- Haubentaucher: 50 Sekunden
- Stockente: 1 Minute
- Biber: 2 Minuten
- Wasserfrosch: 2 Minuten 40 Sekunden

Wie lange kannst du tauchen? Im Schwimmbad oder an einem Badesee kannst du deine und die Tauchzeit deiner Freunde stoppen. Könnt ihr es länger als ein Eisvogel?

## Das Aquaskop

Wie wäre es mit einem Gerät, mit dem du ganz ohne Störung schauen kannst, was sich unter der Wasseroberfläche abspielt? Du kannst es dir einfach bauen! Du brauchst dazu:

- ☐ 1 Buttermilch- oder großen Joghurtbecher
- ☐ 1 durchsichtige Plastikfolie
- ☐ Paketklebeband und Paketschnur

Zuerst schneidest du mit einer Schere den Boden des Bechers heraus. Dann ziehst du die Plastikfolie straff über diese Öffnung und klebst sie mit Paketklebeband fest – fertig!
Halte dein Aquaskop mit der Folie nach unten ins Wasser und schau dir die Fische und die anderen Wasserlebewesen in Teich und See oder auch im Meer an. Pass stets auf, dass kein Wasser über den Becherrand hineinfließt.

## Ein Blick in die Unterwasserwelt

Mit einem Handspiegel, den du fest mit einem Stab verbunden hast, kannst du einen Blick auf die Unterseite von Seerosen- und anderen Blättern werfen: Schlammschnecken & Co. weiden den feinen Algenbelag ab und Egel warten auf vorbeischwimmende Fische, um Blut zu saugen. Was erkennst du noch?

# FEIERN IM SOMMER

**Begrüße den Sommer gebührend mit einem Fest im Freien! Anlässe für Feiern mit deinen Freunden und deiner Familie gibt es genug!**

## Sommerfest-Ideen

**Sonnwendfest:** Entzündet am Abend des Johannistags zur Sommersonnenwende ein Feuer. Wählt dazu einen geeigneten Platz wie eine öffentliche Grill- oder Feuerstelle. Bringt einen Hefe- oder Brotteig von zu Hause mit, wickelt den Teig um Stöcke und haltet sie über die Glut. Zu diesem Stockbrot schmecken frisch gegrillte Würstchen oder in Alufolie gewickelter, leicht gewürzter Schafskäse, den ihr 15 Minuten lang in die Glut legt.

**Wasserfest:** Macht an einem kühlen Bach, am Ufer eines Badesees oder am Strand ein großes Wasserfest mit Ball- und Tauchspielen. Wie wäre es zum Beispiel mit einem Wettrennen aus selbst gefalteten und mit wasserfester Farbe bemalten Papierbooten? Wer treibt mit seiner Puste sein Boot am schnellsten ins Ziel? Ihr könnt auch einige bemalte Stöckchen als Fische aussetzen. Wer kann sie am schnellsten mit den bloßen Händen, einem Ast oder den Füßen angeln?

**Naturrallye:** Die Naturrallye sollte gut vorbereitet werden. Eine Gruppe geht den Weg vorab entlang und denkt sich verschiedene Fragen und Aufgaben aus, die sie auf einen Zettel schreibt: Welches Getreide wird auf dem Feld angebaut? Bringe zehn verschiedene Blätter mit! usw. Sind zehn bis 20 Aufgaben formuliert, startet die zweite Gruppe mit dem Versuch, alle Aufgaben zu lösen.

# Nächtlicher Sommerausflug

**Manche Sommernächte sind viel zu heiß zum Schlafen. Und das spricht für einen Nachtausflug mit deinen Freunden und Eltern. Trefft euch in den hellen Abendstunden und packt eure Rucksäcke für eine spannende Nachtwanderung.**

## Ziele bei Nacht

Besonders schöne Ziele für sommerliche Nachtwanderungen sind abwechslungsreiche Gebiete, in denen du verschiedene Lebensräume erkunden kannst: den Waldrand, eine Waldlichtung, ein Gebüsch entlang von Feldwegen, das Ufer eines Sees, Teichs oder Bachlaufs. Dort könnt ihr auch verschiedenen Tieren begegnen: Igel, Dachs, Marder, Fuchs – und den unheimlichen Rufen der Eulen lauschen.

## Checkliste Nachtwanderung:

- ☐ Taschenlampe
- ☐ warme Kleidung
- ☐ isolierende Unterlage zum Sitzen
- ☐ Imbiss und Getränk

## Auf Sternschnuppenjagd

Fern der beleuchteten Städte und Straßen könnt ihr unzählige Sterne am Nachthimmel erkennen. Und vielleicht sogar Sternschnuppen! In normalen Nächten kannst du etwa

zehn Sternschnuppen pro Stunde beobachten. In den Nächten vom 15. Juli bis zum 18. August jedoch sind besonders viele Sternschnuppen zu sehen.
Dann bewegt sich die Erde auf ihrer Umlaufbahn um die Sonne durch riesige Ansammlungen von kleinen Meteoritensplittern, den Sternschnuppenschwärmen. Geraten diese Splitter in die Atmosphäre der Erde, verglühen sie in einer leuchtenden Bahn.
Im Sommer reist die Erde durch den reichsten Schwarm mit bis zu 90 Sternschnuppen in der Stunde. Legt euch auf eine dicke Decke und schaut in den Nachthimmel. Hast du eine Sternschnuppe entdeckt? Dann wünsch dir was. Oder siehst du sogar viele? Zähle die Sternschnuppen in einem bestimmten Zeitraum (zehn, 20 oder 30 Minuten).

**Glühwürmchen-Spiel**
Teilt euch in zwei Gruppen auf. Die Kinder einer Gruppe bekommen je eine Taschenlampe und verstecken sich einzeln in der Nähe. Ab und zu gibt jedes Kind mit der Taschenlampe – wie ein Glühwürmchen – Lichtsignale. Die Kinder der anderen Gruppe suchen nach den versteckten Freunden.

**Eine Nacht im Wald**
Es gibt nichts Schöneres als eine Nacht im Wald. Da man aber nicht einfach irgendwo übernachten darf, erkundige dich im Rathaus nach dem Förster des Waldes und frage ihn, ob und wo du mit deinen Freunden und Eltern ein Nachtlager aufschlagen darfst. Dort angekommen, verhaltet ihr euch ganz still und hört auf die Laute der Nacht. Klingt es nicht völlig anders als tagsüber? Bleibt stets zusammen und kuschelt euch mit euren Schlafsäcken aneinander. Weil eine Sommernacht kurz ist, hört ihr schon bald die ersten Vögel. Dann ist es Zeit für einen warmen Schluck Tee aus der Thermoskanne und für eine ganz frühe Morgenwanderung. Vielleicht könnt ihr die Rehe beim Äsen beobachten!

# Indianerfest

**Indianer sind dafür bekannt, dass sie perfekte Spurenleser sind, aber auch dafür, dass sie sehr respektvoll mit allen Lebewesen umgehen. Macht es wie die Indianer – und verbringt einen Tag im Einklang mit der Natur!**

## Indianer sein für einen Tag

Der Gedanke, die Welt zu beherrschen, ist den Indianern völlig fremd. Ihre Kulturen leben stets im Einklang mit der Natur. Damit sie das können, nehmen sie sehr aufmerksam wahr, wie Tiere und Pflanzen leben. An eurem Indianertag seid ihr selbst Indianer und versucht, die Natur mit allen Sinnen zu entdecken.

## Spurenleser

Du suchst für dich und deine Familie oder Freunde einen schönen Platz in der Natur. Dort versucht ihr – wie ein Indianer – nicht aufzufallen: Seid ganz still und verständigt euch über Handzeichen, die ihr zuvor ausgemacht habt. Bewegt euch so langsam, wie es die meisten Tiere üblicherweise tun: Tiere bewegen sich nur dann rasch, wenn sie jagen oder auf der Flucht sind. Achtet auf all die Spuren, die euch verraten, dass dort Tiere leben. Das sind zum Beispiel Vogelrute, Kothaufen, Gewölle, Federn, Nester, Tritt- und Fußspuren, Eingänge zu Erdhöhlen,

## Schatzsuche nach Indianerart

Für dieses Spiel teilt ihr euch in zwei Gruppen auf. Die erste Gruppe startet fünf bis zehn Minuten vor der zweiten Gruppe. Sie versteckt einen Schatz, zum Beispiel einige Früchte oder eine kleine Tüte Gummibärchen. Damit die zweite Gruppe diesen Schatz finden kann, hinterlässt die erste Gruppe an einigen Stellen kleine Zeichen, wie zum Beispiel einen deutlichen Fußabdruck, einen kleinen roten Faden oder einen unauffälligen Pfeil aus Ästchen am Boden. Wichtige Regel: Alle bewegen sich so lautlos wie möglich durch das Gelände!

das Trommeln eines Spechts. Versucht mit Hilfe eines naturkundigen Erwachsenen oder mit Bestimmungsbüchern herauszufinden, von welchem Tier die Spuren stammen.

**Pfeil und Bogen**
Du brauchst etwa zwei Zentimeter starke, frische Hasel- nuss- oder Weidenäste, die ungefähr einen Meter lang sind. Schnitze einen Zentimeter von jedem Ende entfernt ringsum eine Vertiefung. Binde nun eine Schnur zunächst in einer Kerbe fest, biege den Stock und mache die Schnur mit einer Schlaufe auch am anderen Ende fest. Schon ist der Bogen gespannt!
Für die Pfeile nimmst du dünne Haselnussäste oder trockene Binsenstöcke, die du vorne zuspitzt. Hinten schnitzt du eine Kerbe ein.
Nun kann das Ziel- oder Weitschießen beginnen: Sorgt dafür, dass keine unschuldigen Bleichgesichter getroffen werden und dass keiner in die Schussbahn läuft!

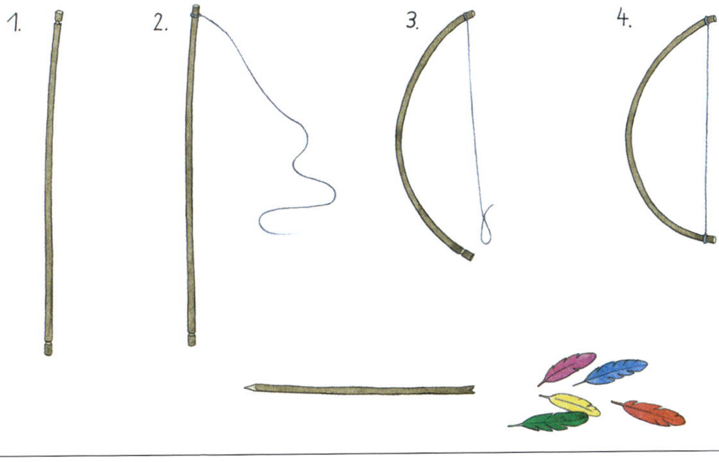